Spannungszustand und Bruchausbildung

Anschauliche Darstellung der spannungsmechanischen
Grundlagen der Gestaltfestigkeit und der
Gesetzmäßigkeiten der Bruchausbildung

Von

Professor Dr. A. Thum und Dr.-Ing. K. Federn
Darmstadt   Darmstadt

Mit 83 Abbildungen im Text

Springer-Verlag Berlin Heidelberg GmbH
1939

ISBN 978-3-662-35487-2   ISBN 978-3-662-36315-7 (eBook)
DOI 10.1007/978-3-662-36315-7

Alle Rechte, insbesondere das der Übersetzung
in fremde Sprachen, vorbehalten.
© Springer-Verlag Berlin Heidelberg 1939
Ursprünglich erschienen bei Julius Springer in Berlin 1939

Die vorliegende Arbeit wurde von K. Federn, Darmstadt, als Dissertation zur Erlangung des Grades eines Dr.-Ing. eingereicht und von der Abteilung für Maschinenbau der Technischen Hochschule Darmstadt genehmigt.
Berichterstatter: Professor Dr. A. Thum.
Mitberichterstatter: Professor Dr.-Ing. V. Blaeß.
(D 87)

Vorwort.

Die Werkstofforschung kann sich heute nicht mehr darauf beschränken, dem Konstrukteur lediglich Festigkeitswerte und zahlenmäßige Unterlagen für seine Konstruktionen zu liefern. Sie muß darüber hinaus bestrebt sein, ein anschauliches Bild von den Vorgängen im Werkstoff bei den verschiedenen Beanspruchungen zu vermitteln. Der Konstrukteur wird nämlich die ihm heute gestellten Aufgaben, die von ihm weitgehende Ausnutzung des Werkstoffes verlangen, nur dann mit Erfolg lösen können, wenn er sich von der mechanischen Anwendung von Formeln und Berechnungsvorschriften frei macht und sich zum Einfühlen in den Werkstoff und in den Beanspruchungsvorgang zwingt.

Unter diesem Gesichtspunkt kommt auch dem Studium der Bruchvorgänge eine besondere Bedeutung zu: Die Bruchforschung zeigt einmal dem Konstrukteur unmittelbar, welche Fehler er in diesem oder jenem Fall gemacht hat, wie er den Bruch vermeiden und die Konstruktion günstiger gestalten kann, und trägt andererseits zum vorstellungsmäßigen Erfassen der inneren Werkstoffvorgänge bei. Sie fördert hierdurch wieder rückwirkend die allgemeine Werkstofforschung, indem sie in vielen Fällen wertvolle Kontrollmöglichkeiten und Ergänzungen zu der physikalischen und mathematischen Forschung liefert. Oft weist z. B. ein eingetretener Bruch schärfer und eindeutiger auf die Stelle höchster Beanspruchung hin als irgendwelche Meß- oder Rechenverfahren.

Es war also das Ziel der vorliegenden Arbeit, in übersichtlicher Form darzustellen, wie sich das Bild vom Werkstoff und seinem Festigkeitsverhalten auf Grund der neuesten Ergebnisse der Werkstoffprüfung und Festigkeitsforschung gestaltet. Es wurde versucht, aus diesen neuen Anschauungen das herauszuschälen, was als gesicherte Erkenntnis gelten darf und für den Konstrukteur geeignet, ja sogar notwendig ist, damit er die Gesetze der neuen Konstruktionslehre bewußt und richtig anzuwenden vermag. In einem besonderen Abschnitt wurde daher auch eine ausführliche Darstellung der spannungsmechanischen Grundlagen (MOHRscher Kreis u. a.) vorangestellt, in der alle zum Verständnis der Festigkeitsbeziehungen und Bruchbedingungen erforderlichen Gesetze der Spannungslehre zusammengefaßt und an Hand von Bildern und Gleichnissen aus dem vorhandenen Gedankengut der Mechanik veranschaulicht wurden.

Darmstadt, November 1939.

A. THUM und K. FEDERN.

Inhaltsverzeichnis.

	Seite
A. Anschauliche Darstellung der spannungsmechanischen Grundlagen	1
I. Einleitung	1
II. Überblick über die verschiedenen Verfahren zur Darstellung von Spannungsfeldern	2
1. Der „Kraftfluß" in einem beanspruchten Körper	2
2. Das Verformungsbild in einem beanspruchten Körper	3
3. Sichtbarmachen von Spannungen durch Auslösen von Verformungen	5
III. Einachsiger und mehrachsiger Spannungszustand	7
1. Vektor und Tensor	7
2. Mohrscher Spannungskreis bei einachsiger Zugbeanspruchung	8
3. Mohrscher Spannungskreis für mehrachsige Spannungszustände	11
4. Mohrscher Spannungskreis bei Verdrehbeanspruchung	14
IV. Beanspruchungs- und Verformungsverhältnisse in einer verdrehten Welle	15
1. Beanspruchungszustand bei Verdrehung	16
2. Beziehungen zwischen Verdrehwinkel und Schubverformung	16
3. Verformungsverhältnisse bei starker plastischer Verdrehung	18
B. Spannungszustand und Spannungsverteilung bei gekerbten Bauteilen	19
I. Bedeutung der Kerbwirkung	19
1. Ungleichmäßigkeit der Spannungsverteilung und Mehrachsigkeit des Spannungszustandes	19
2. Zur Frage der Kerbempfindlichkeit	21
II. Vergleich der Kerbwirkung bei verschiedenen Beanspruchungsarten	22
1. Allgemeine Gesetzmäßigkeiten	22
2. Spannungsverteilung und Formziffer bei Flachstab und Rundstab	23
3. Verfahren zur Berechnung der Biegespannungsverteilung aus der Zugspannungsverteilung	25
III. Abhängigkeit der Formziffer von der Kerbgestalt	26
1. Verformungsverhältnisse bei Außenkerben und Innenkerben (Querbohrung)	26
2. Wirkung der Verformungsbehinderung bei Flachbiegung	29
3. Graphisches Verfahren zur Ermittlung des Kerbtiefeneinflusses (Anschauliche Erklärung der „Lappenwirkung")	30
4. Welle mit Querbohrung bei Verdrehbeanspruchung	31
IV. Gestaltfestigkeitsversuche oder rechnerische Ermittlung der Gestaltfestigkeit?	33
C. Gewaltbruch, Zeitbruch und Dauerbruch.	
Gesetzmäßigkeiten der Bruchausbildung bei glatten und gekerbten Bauteilen	36
I. Aufgaben der Bruchforschung	36
II. Begriffsbestimmung für Gewaltbruch, Zeitbruch und Dauerbruch	37
1. Zügige und wechselnde Beanspruchung	37
2. Gewaltbruch	38
3. Zeitbruch und Dauerbruch	39
III. Allgemeine Grundregeln für die Bruchrichtung und das Bruchaussehen	42
1. Bedeutung des Verhältnisses σ_{max}/τ_{max}	42
2. Kurze Zusammenfassung der wichtigsten Regeln	43
3. Aussehen des Trennbruches und des Schiebungsbruches	43
IV. Einfluß des Werkstoffes und des zeitlichen Verlaufes der Beanspruchung auf die Bruchrichtung	44
1. Trennentfestigung durch geringe wechselnde Gleitungen	45
2. Schubentfestigung durch bevorzugtes Gleiten in einer Richtung	46
3. Einfluß der Faserstruktur und der Schlackenzeilen	47

Inhaltsverzeichnis. **V**

Seite

V. Einfluß des Spannungszustandes und der Spannungsverteilung auf die Bruchausbildung 50
   1. Einachsiger Spannungszustand 50
   2. Mehrachsiger Zug-Spannungszustand. 51
   3. Spannungszustand bei Verdrehung 51
   4. Wirkung der Spannungsverteilung 52
   5. Bruchausbildung an Kerben 52

VI. Beispiele für die Bruchausbildung bei verschiedenen Spannungszuständen . . 52
   1. Bruch beim Zerreißversuch. 52
   2. Verdrehdauerbrüche und Verdrehzeitbrüche an Wellenabsätzen, Nabensitzstellen und Rillenkerben 54
   3. Brüche an Keilwellen bei Verdrehbeanspruchung 54
   4. Dauerbrüche an quergebohrten Wellen bei Verdrehbeanspruchung 55
   5. Dauerbrüche bei Druck-Ursprungsbeanspruchung („Druckdauerbrüche", hervorgerufen durch Zugeigenspannungen) 56

VII. Beeinflussung des Bruchverlaufes durch Oberflächenverletzungen, Wirkung der Schleifriefen 59
   1. Beispiele für die Schleifriefenwirkung 60
   2. Versuche zur Klärung des Schleifriefeneinflusses 62
      a) Bruchverlauf bei zügiger Verdrehbeanspruchung 65
      b) Bruchverlauf bei wechselnder Verdrehbeanspruchung mit großer Überlast 65
      c) Bruchverlauf bei Dauerverdrehbeanspruchung 67
      d) Bruchverlauf bei zügig durchgeführten Zerreißversuchen 67
      e) Bruchverlauf bei wechselnder Biege- und Zug-Druck-Beanspruchung. . 67
   3. Abhängigkeit der Schleifriefenwirkung von der Größe der Gleitbeträge . . 68
   4. Erklärung der Schleifriefenwirkung 68
   5. Ertragene Lastspielzahl bei Verdrehquerbrüchen und Verdrehlängsbrüchen 70

Schrifttumsverzeichnis 72

Sachverzeichnis 77

A. Anschauliche Darstellung der spannungsmechanischen Grundlagen.

I. Einleitung.

Der ständige Fortschritt der Technik bringt ein Streben nach immer höheren Leistungen und Geschwindigkeiten mit sich. Daraus ergibt sich für die einzelnen Konstruktionen die Forderung nach möglichst hoher Belastbarkeit und möglichst geringem Gewicht. Es wäre nun falsch, zu glauben, daß man dieser Forderung lediglich dadurch genügen könne, daß man Stähle noch höherer Festigkeit verwendet. Was sich durch Höherzüchtung der Stähle erreichen läßt, ist im großen und ganzen schon erreicht. Die Weiterentwicklung zu leistungsfähigeren Konstruktionen hängt jetzt nicht vom Stahlerzeuger, sondern in erster Linie vom Konstrukteur ab. Dem Konstrukteur fällt die Aufgabe zu, durch zweckentsprechende Gestaltung zu einer restlosen Ausnutzung der Werkstoffestigkeit zu gelangen. Die Haltbarkeit einer Konstruktion hängt nämlich nicht nur von der Festigkeit des verwendeten Werkstoffes ab, sondern ist im wesentlichen durch die Gestaltung des Konstruktionsteiles bedingt. Dies ist eine der wichtigsten Erkenntnisse der modernen Werkstofforschung.

Die Einsicht, daß Werkstoff und Gestaltung gemeinsam die Festigkeit eines Konstruktionsteils beeinflussen, hat zu völlig neuen Anschauungen in der konstruktiven Berechnung geführt [1...8][1]. Ihr wesentlicher Grundsatz ist, der Bemessung nicht die Nennspannung der elementaren Festigkeitslehre, sondern die wirklich in dem Werkstück auftretenden Beanspruchungen zugrunde zu legen. Angeregt von dem dadurch bedingten Bedürfnis nach Unterlagen über die Beanspruchungsverteilung in Werkstücken, hat man in letzter Zeit versucht, für einige praktisch wichtige Kerbformen die Spannungsverteilung unter Anwendung der Gesetze der mathematischen Elastizitätstheorie zu berechnen. Hierbei konnten manche wertvolle Ergebnisse gewonnen werden [9][2]. Die Lösung der bei der mathematischen Berechnung auftretenden Differentialgleichungen ist aber fast immer derart schwierig, daß sie nur für ganz bestimmte einfache Kerbformen durchgeführt werden kann. Außerdem hat die mathematische Berechnung der Spannungsverteilung für den Konstrukteur insofern einen gewissen Nachteil, als er nicht in jedem Stadium des Berechnungsvorganges die inneren Zusammenhänge überblicken kann. Der Konstrukteur muß daher selbst ver-

---

[1] Die Zahlen in eckigen Klammern beziehen sich auf das Schrifttumsverzeichnis am Ende der Arbeit auf S. 72.

[2] Besondere Würdigung verdienen H. NEUBERS umfassende mathematische Untersuchungen über die Spannungsverteilung in Kerben bei Zug, Biegung, Schub und Verdrehung. Diese Berechnungen, die in dem Buch: H. NEUBER, Kerbspannungslehre, Grundlagen für genaue Spannungsrechnung (Berlin: Julius Springer 1937) niedergelegt sind, bieten nicht nur dem Konstrukteur ein großes Zahlenmaterial über Kerbziffern, sondern bringen auch dem in der Forschung tätigen Ingenieur und Physiker eine Fülle von Anregungen und geben ihm äußerst wertvolle Unterlagen über die Spannungsverteilung bei verschiedenen Beanspruchungszuständen, an denen er die Ergebnisse anderer Untersuchungen und Theorien überprüfen kann.

suchen, sich auf Grund seines physikalischen Gefühls in die Mechanik der Spannungsverhältnisse hineinzudenken und dadurch eine gewisse Klarheit über den Kraftverlauf und die Spannungsverteilung zu erlangen.

II. Überblick über die verschiedenen Verfahren zur Darstellung von Spannungsfeldern.

1. Der „Kraftfluß" in einem beanspruchten Körper.

Der erste Versuch einer Veranschaulichung des inneren Mechanismus der Beanspruchungsaufnahme führte dazu, den Kraftverlauf in einem Konstruktionsteil mit einem Flüssigkeitsstrom zu vergleichen: Entsprechend den Gesetzmäßigkeiten für die strömende reibungsfreie Flüssigkeit wird ein „Kraftfluß" angenommen, der darstellen soll, wie die am Körper angreifenden äußeren Kräfte im Inneren dieses Körpers weitergeleitet werden. Dieses Kraftfluß-Gleichnis, das in erster Linie bei auf Zug beanspruchten Körpern unserem Vorstellungsvermögen entspricht, läßt sofort erkennen, wie sich in einem belasteten Körper der Kraft-

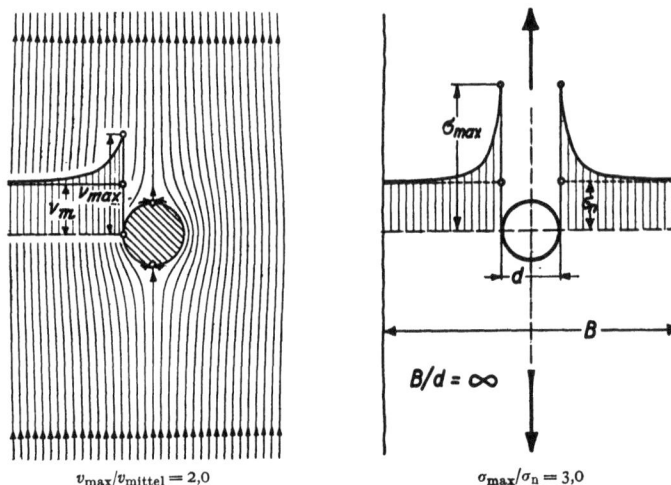

Abb. 1. Vergleich der Potentialströmung um einen Zylinder mit der Spannungsverteilung am Querloch im breiten Zugstab (vgl. [8]).

verlauf gestaltet, wie sich etwa die Spannung über einen Querschnitt des Körpers verteilt, und insbesondere, an welchen Stellen des Körpers sich der Kraftfluß zusammendrängt und damit „Spannungsspitzen" hervorruft. Die Kraftfluß-Vorstellung ist daher vorzüglich geeignet, das Wesen der „Kerbwirkung" zu erklären. Sie zeigt, daß in allen Fällen, in denen die Berandung eines Konstruktionsteiles von der geraden, glatten Form abweicht, mit einer Störung der gleichmäßigen Spannungsverteilung zu rechnen ist.

So liegt es nahe, die in einem sehr breiten gezogenen Stab durch eine Querbohrung entstehende Umlenkung des Kraftflusses mit der Potentialströmung um einen Zylinder zu vergleichen, wie Abb. 1 zeigt. Wenn auch diese Vorstellung vom Kraftfluß sehr anschaulich ist und man sie in vielen Fällen sehr gern heranzieht, um einen ersten Überblick zu erhalten, so hat sie doch ihre Grenzen. Sie ist nämlich bis auf wenige Ausnahmen *nur qualitativ, nicht quantitativ* richtig [10, 11]. Bei der Betrachtung von Abb. 1 fällt z. B. sofort in die Augen, daß am Lochrand eine Spannungsspitze von der dreifachen Höhe der Spannung im ungestörten Gebiet auftritt, während der Höchstwert der Strömungsgeschwindigkeit nur das zweifache der mittleren Strömungsgeschwindigkeit beträgt. Weiterhin sieht man, daß die Spannungserhöhung am Querloch (Abb. 1 rechts) sehr schnell abklingt, die Geschwindigkeitserhöhung am Zylinder (Abb. 1 links) dagegen langsamer abfällt.

Während das Bild eines Kraftflusses zunächst nur herangezogen wurde, um eine leicht faßliche Darstellung von Spannungszuständen zu erhalten, hat sich in der Folgezeit die mehr mathematisch-physikalisch eingestellte Richtung der Festigkeitsforschung besonders den Fällen zugewandt, in denen der Vergleich mit der strömenden Flüssigkeit nicht nur ein anschauliches Gleichnis bleibt, sondern auch eine zahlenmäßige Auswertung zuläßt. Dies trifft für die Schubspannungsverteilung im Querschnitt einer prismatischen Welle (z. B. Welle mit Keilnut) oder im Längsschnitt einer rotationssymmetrischen Welle (z. B. Welle mit Hohlkehlenübergang) zu. In diesen Fällen lassen sich nämlich für die Schubspannungsverteilung in der verdrehten Welle und für die Geschwindigkeitsverteilung der Potentialströmung übereinstimmende bzw. ähnliche Differentialgleichungen aufstellen. Auf Grund der Ähnlichkeit der Differentialgleichungen hat man Strömungsmodelle (z. B. Hele-Shaw-Modell) gebaut, die eine versuchsmäßige Bestimmung der Schubspannungsverteilung in verdrehten Wellen ermöglichen [12]. Auf ähnlichen physikalischen Gleichnissen beruhen die feldelektrischen Modelle [13, 14, 15] und das PRANDTLsche Seifenhaut-Gleichnis zur Bestimmung der Schubspannungsverteilung bei Verdrehung [16, 17].

2. Das Verformungsbild in einem beanspruchten Körper.

Neben der Vorstellung vom Kraftfluß bietet auch die Beobachtung des Verzerrungszustandes eines belasteten Körpers eine Möglichkeit, dem Wesen der Beanspruchungsaufnahme näherzukommen [18]. Allerdings erhalten wir ein unmittelbar anschauliches Bild erst dann, wenn wir uns den Körper aus einem möglichst verformungsfähigen Stoff, z. B. Weichgummi, nachbilden; denn bei den üblichen Konstruktionswerkstoffen sind die elastischen Verformungen derart klein, daß ihre Größe nur mit Feinmeßinstrumenten bestimmt werden kann[1].

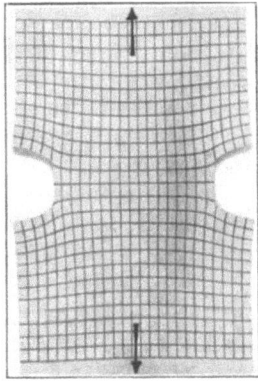

Abb. 2. Formänderungszustand bei einem gezogenen Flachstab mit Außenkerben (Gummimodell).

Abb. 2 zeigt beispielsweise ein *Gummimodell* für einen Flachstab, der mit Außenkerben versehen ist und durch einachsigen Zug beansprucht wird. Die Verzerrung des aufgezeichneten Quadratnetzes weist deutlich auf die Stellen größter Beanspruchung im Kerbgrund hin. Die obere und untere Berandung des hier gezeigten Ausschnittes aus dem gezogenen Stab sind bei der Verformung eben geblieben, die von der Kerbstelle ausgehende Störung ist hier also praktisch abgeklungen. Die einzelnen Längsstreifen, in die wir uns den Stab zerlegt denken und die durch die Längslinien des aufgezeichneten Quadratnetzes angedeutet sind, müssen sich zwischen den beiden eben gebliebenen Querschnitten alle um den gleichen Betrag verlängern. Der mittlere Längsstreifen wird diese Verlängerung durch eine ziemlich gleichmäßig über seine Länge verteilte Dehnung auf-

---

[1] Für einen St 37 beträgt z. B. die elastisch ertragene Dehnung $\varepsilon = \sigma/E = 1/1000$ mm/mm (bezogen auf $\sigma_E \approx 21{,}5$ kg/mm²). Wenn man bei Feindehnungsmessen mit einer Meßlänge von 1 mm noch eine Beanspruchungsänderung von 0,2 kg/mm² bei Stahl messen will, muß eine Längenänderung von $1/100000$ mm vom Meßgerät angezeigt werden können. Man benötigt also ein Gerät mit mindestens 100 000facher Vergrößerung.

bringen; dagegen steht einem seitlich an der Kerbstelle gedachten Längsstreifen in der Hauptsache nur das Gebiet unmittelbar im Kerbgrund als Dehnlänge zur Verfügung. Fast die gesamte Verlängerung muß von der Dehnung dieser Werkstoffteile im Kerbgrund aufgebracht werden, denn die Teile oberhalb und unterhalb der Kerbstelle sind am Dehnen behindert, weil sie mit den fast unbelasteten Werkstoffteilen in den sog. toten Ecken verbunden sind. Daher die hohe Spannungsspitze im Kerbgrund! (In den spannungslosen toten Ecken sind die ursprünglichen kleinen Quadrate des Liniennetzes noch erhalten, während z. B. am unteren und oberen Rand des Gummimodells aus den kleinen Quadraten Rechtecke geworden sind.)

Von der auf S. 2 beschriebenen Kraftfluß-Vorstellung ausgehend, hätte man dasselbe Beispiel etwa folgendermaßen erklären können: Bei dem gezogenen Stab mit Außenkerben wird der Kraftfluß im engsten Querschnitt eingeschnürt; er wird an beiden Seiten um die Kerbe herumgelenkt und dadurch gerade im Kerbgrund besonders stark zusammengedrängt, denn er sucht auf dem kürzesten Wege um die Kerbe herumzugelangen. Diese Zusammendrängung des Kraftflusses wirkt sich als Spannungsspitze aus. In der Mitte des Stabes geht der Kraftfluß ziemlich ungestört hindurch, die Spannung in der Mitte ist meist kaum größer als die Spannung im unbeeinflußten Gebiet.

Die Vorteile, die die Anwendung von Gummimodellen dem Konstrukteur bringt, bestehen vor allem in der raschen und einfachen Durchführbarkeit, sowie in der Anschaulichkeit des Verfahrens; so kann man z. B. in Fällen, die noch nicht klar liegen, sich schnell ein Modell anfertigen und an Hand dieses Modells den Spannungszustand überprüfen. Für den Forschungsingenieur bieten solche Modelle noch den Vorteil, daß sie nicht nur zeigen, daß Spannungsspitzen tatsächlich auftreten, sondern auch die Ursache erkennen lassen, warum die Spannungsspitzen entstehen und warum sie in einem Fall höher, in einem anderen Fall niedriger sind (vgl. S. 27...29).

Die Ergebnisse der neuzeitlichen Festigkeitsforschung weisen nämlich darauf hin, daß der Kern aller Beanspruchungs- und Festigkeitsprobleme in der Erfassung der Formänderungen liegt. Der Begriff der Dehnung ist auch entwicklungsgeschichtlich gesehen der ursprüngliche Begriff, dem erst später der aus der Überlegung und nicht aus der Anschauung geschaffene Begriff der Spannung zugeordnet wurde.

Die Anwendbarkeit der Gummimodelle bleibt nicht darauf beschränkt, daß sie ein anschauliches Bild des Kraftverlaufs vermitteln, sie lassen sich auch zur zahlenmäßigen Bestimmung der Spannungsverteilung heranziehen [19, 20]. Hierbei hat man nach den bekannten Formeln der Mechanik, z. B. $\sigma_1 = \dfrac{m^2 E}{m^2 - 1}\left(\varepsilon_1 + \dfrac{1}{m}\varepsilon_2\right)$ aus den Dehnungen eines aufgezeichneten Quadratnetzes oder irgendeines anderen Liniennetzes die Spannungen zu berechnen. Will man also aus der Dehnungsverteilung im Kerbquerschnitt auf die Spannungsverteilung schließen, so kann man die Querdehnung bzw. Querkontraktion nicht vernachlässigen, es sei denn, daß ein größenordnungsmäßig richtiges Ergebnis genügt.

Es können hier Zweifel auftreten, ob die Spannungsverteilung, die sich in einem gekerbten Flachstab aus Gummi einstellt, auch wirklich mit der Spannungsverteilung in einem gekerbten Flachstab aus Stahl übereinstimmt. Aus den elastischen Grundgleichungen für den *ebenen Spannungszustand* geht jedoch hervor, daß eine Übereinstimmung tatsächlich vorhanden ist. Die Verteilung der Spannungen ist beim ebenen Spannungszustand unabhängig von der Art des Werkstoffes, also unabhängig von der Querkontraktionszahl m ($m = 3,3$ für Stahl, $m = 2$ für Gummi); vorausgesetzt ist dabei nur, daß beide Werkstoffe homogen sind, daß sie das HOOKEsche Gesetz möglichst genau befolgen und daß die Dehnungen noch hinreichend klein sind. Für den allgemeinen räumlichen Spannungszustand gilt diese Unabhängigkeit der Spannungsverteilung von der Querkontraktionszahl m nicht mehr, bei Werkstoffen mit verschiedenem m weisen die Spannungsverteilungskurven geringe Unterschiede auf; diese sind für die Längsspannungen in der Lastrichtung nur unbedeutend, bei den Querspannungen treten sie schon stärker in Erscheinung (vgl. H. NEUBER, Kerbspannungslehre [9], S. 81). Im ebenen Spannungszustand jedoch enthalten die Differentialgleichungen für die Spannungsverteilung m überhaupt nicht, das elastizitätstheoretische Spannungsbild ist bei Gummi dasselbe wie bei Stahl.

Beschränkt man sich bei der Ausmessung von solchen Dehnungsbildern auf nicht zu große Verformungen, so sind die Abweichungen der durch Versuche an Gummi erhaltenen Spannungsbilder von den bei Metall zu erwartenden nur gering. Bei größeren Verformungen macht es sich schon störend bemerkbar, daß die Probenform, insbesondere die Kerbkrümmung, sich verändert; ein Querloch wird z. B. durch die Belastung zu einer Ellipse; hinzu kommt, daß dann auch die Spannungs-Dehnungs-Linie des Gummis erheblich vom geradlinigen Verlauf abweicht [21][1].

Falls man besonders genaue Werte über die Spannungsverteilung an Kerbstellen oder an verwickelten räumlichen Konstruktionsteilen, wie z. B. Gabelpleuel oder Flanschverbindungen, benötigt, ist im allgemeinen den Feindehnungsmessungen unmittelbar an den Bauteilen selbst der Vorzug zu geben. Die Spannungsbestimmung durch Feindehnungsmessung ist dank der Entwicklung der neuzeitlichen Dehnungsmeßgeräte zu einem unentbehrlichen Hilfsmittel der neuen Konstruktionslehre geworden (vgl. [25] und das dort angegebene Schrifttum)[2].

3. Sichtbarmachen von Spannungen durch Auslösen von Verformungen.

Wie im folgenden gezeigt wird, kann man die Spannungen in einem belasteten Körper auch unmittelbar sichtbar machen, wenn man sie durch kleine Schnitte aufhebt; am besten verwendet man hierbei einen Modellkörper aus möglichst verformungsfähigem Werkstoff (z. B. ein Gummimodell). Dadurch, daß an der Schnittstelle die Spannungen weggenommen werden, entstehen an dieser Stelle zusätzliche Verformungen: Werden durch den Schnitt Zugspannungen aufgehoben, so klafft infolge der ausgelösten Verformungen der Schnitt auf, er öffnet sich senkrecht zur Schnittrichtung; werden Schubspannungen aufgehoben, so verschieben sich die Schnitträder gegeneinander. Um festzustellen, welche Spannungen vor dem Anbringen des Schnittes geherrscht haben, braucht man also nur zu überlegen, welche Spannungen jetzt von außen an den Schnitträndern angreifen müßten, um die Verformungen des klaffenden Schlitzes wieder rückgängig zu machen. Bei der Anwendung dieses Schnittprinzips ist natürlich zu beachten, daß die Schnitte gegenüber den sonstigen Abmessungen des Körpers hinreichend klein sind, damit die Störung der Spannungsverteilung örtlich beschränkt bleibt.

---

[1] Ausführliche Untersuchungen über die Eignung von Weichgummi zur experimentellen Ermittlung von Spannungsbildern sind von H. STOLL und anderen durchgeführt worden [22, 23]. Es wurden auch Berechnungsverfahren entwickelt, die es ermöglichen, den Einfluß der veränderten Kerbform auf die Ergebnisse der Spannungsbestimmung auszuschalten [24]. Die Arbeit von H. STOLL enthält wertvolle Angaben über die praktische Ausführung von Gummimodellen.

[2] Die praktische Anwendung der Dehnungsmeßverfahren und die Auswertung der Dehnungsmessungen mit Hilfe der MOHRschen Spannungs- und Dehnungskreise wird in dem Buch von F. RÖTSCHER u. R. JASCHKE, Dehnungsmessungen und ihre Auswertung (Berlin: Julius Springer 1939), beschrieben.

In der geschilderten Weise zeigt das Schnittverfahren zunächst nur Zugspannungen und Schubspannungen an. Um auch Druckspannungen sichtbar zu machen, genügt ein einfacher Schnitt nicht; man muß schon etwas Werkstoff an den Schnittkanten wegnehmen, um bei der Druckbelastung des Modells eine Verformung des Schlitzes zu ermöglichen. (Tritt in Modellen aus Flachgummi Druckbeanspruchung auf, so muß außerdem durch Auflegen einer Glasplatte ein Ausknicken des Flachgummis verhindert werden.)

Ein Beispiel für die Anwendung des Schnittverfahrens gibt Abb. 3; es soll zeigen, daß bei reiner einachsiger Zugbelastung im Werkstoff nicht nur Normalspannungen, sondern auch erhebliche Schubspannungen auftreten. Die Abb. 3a, b, c stellen einen Flachstab aus Gummi mit einem Schnitt unter 45° zur Belastungsrichtung dar. Der Stab ist einer wachsenden einachsigen Zugbelastung ausgesetzt. Man sieht, daß mit zunehmender Belastung sich der Schnitt öffnet und sich gleichzeitig seine Ränder gegeneinander verschieben, und zwar genau

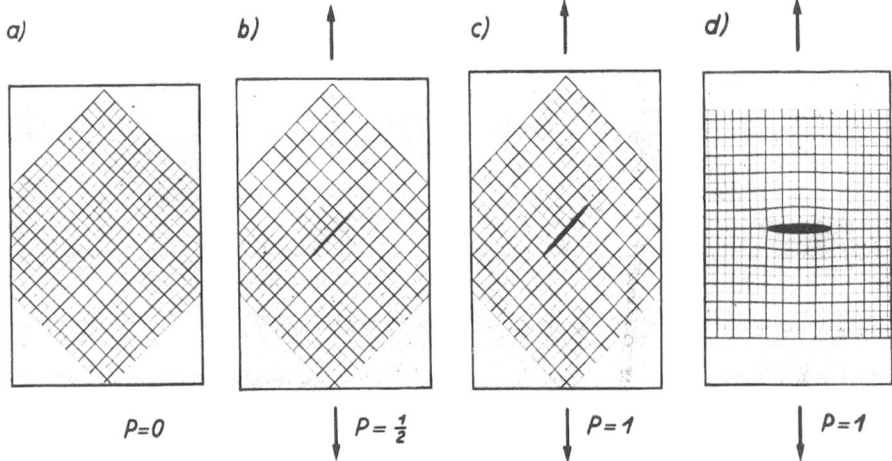

Abb. 3. Veranschaulichung des Spannungszustandes bei einachsiger Zugbeanspruchung.
(Gummimodelle mit Schnitt unter 45° und quer zur Belastungsrichtung.)

in demselben Maße, wie er sich öffnet. Ohne den Schnitt wären also in dieser Schnittebene unter 45° eine Zugspannung und eine ebenso große Schubspannung vorhanden. In Abb. 3d ist der gleiche Stab dargestellt, jetzt mit einem Schlitz in der Querrichtung versehen; die Länge des Schlitzes und die Belastung des Gummistreifens sind die gleichen wie in Abb. 3c. Bei einem Vergleich von Abb. 3c mit Abb. 3d fällt sofort auf, daß sich der Schrägschlitz nur halb soviel öffnet wie der Querschlitz. Wirkt also in der Querschnittebene eine Zugspannung $\sigma_1 = 1$, so herrscht in einer Ebene, die mit der Belastungsrichtung den Winkel $\alpha = 45°$ bildet, eine Zugspannung $\sigma_\alpha = 0,5$ und eine Schubspannung $\tau_\alpha = 0,5$.

Solche Gummimodelle mit kleinen Schnitten können auch bei der Erklärung der Kerbwirkung herangezogen werden (Abb. 4). Während die bisherigen Verfahren gezeigt haben, warum überhaupt eine Spannungsspitze an der Kerbstelle auftritt, läßt sich mit Hilfe des Schnittverfahrens leicht zeigen, daß die Kerbstelle nicht nur eine Ungleichmäßigkeit der Spannungsverteilung, sondern auch eine Mehrachsigkeit des Spannungszustandes bewirkt.

In einem gezogenen glatten Gummistreifen würden kleine Schnitte in Längsrichtung keinerlei Veränderungen bewirken, ein Schlitz würde sich weder öffnen, noch würden sich seine Ränder gegeneinander verschieben, vorausgesetzt, daß die Schnitte genügend weit von der Einspannung entfernt sind. Auf die Ebenen in der Längsrichtung wirken nämlich bei einem einachsigen Spannungszustand keine Spannungen, weder Schub- noch Zugspannungen. Ist der Zugstab jedoch nicht glatt, sondern gekerbt, so treten im Kerbquerschnitt nicht nur Spannungen in der Lastrichtung auf, sondern auch quer dazu. Diese Querspannungen sind in Abb. 4 (rechts) durch kleine Längsschlitze veranschaulicht. Diese Längsschlitze öffnen sich bei der Belastung: Der Kraftfluß, der um die Kerbe herumgelenkt wird, hat das Bestreben, die Teile im Kerbgrund nach außen zu ziehen. Diesem Zug nach außen wird durch die Querspannungen, die im Kerbquerschnitt wirken, das Gleichgewicht gehalten. Hebt man nun die Querspannungen durch kleine Längsschlitze auf, so erhält man das in Abb. 4 (rechts) gezeigte Bild. Auch aus dem auf das Gummimodell aufgezeichneten Quadratnetz, Abb. 4 (links), kann man sehen, wie durch eine scharfe Kerbe die Querkontraktion behindert wird: die an der Kerbe vorbeilaufenden Längslinien gehen im Kerbgrund etwas nach außen.

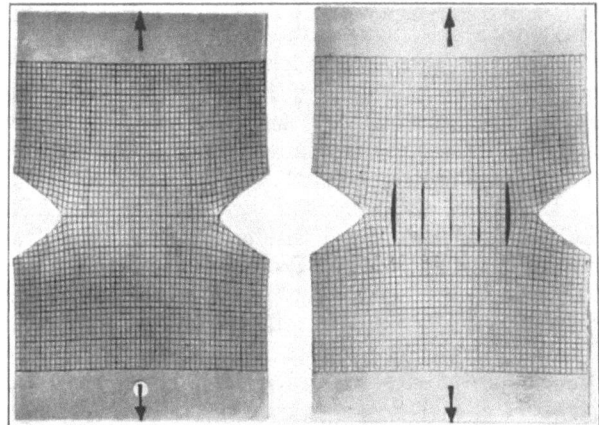

Abb. 4. Veranschaulichung der Querspannungen in einem gekerbten Zugstab. Gummimodell mit kleinen Längsschlitzen im Kerbquerschnitt (rechts).

III. Einachsiger und mehrachsiger Spannungszustand.

1. Vektor und Tensor.

Daß der Vorstellung vom Kraftfluß Grenzen gesetzt sind, hat bekanntlich seinen Grund darin, daß die Spannung sich im allgemeinen nicht streng richtig mit einer Strömung vergleichen läßt (von den auf S. 3 genannten Ausnahmen abgesehen); die Spannung ist kein Vektor, sondern ein Tensor. Wie die Gegenüberstellung in Abb. 5 zeigt, läßt sich bei einem *Strömungsfeld* in jedem Punkt ein Vektor angeben, der Größe und Richtung der Strömungsgeschwindigkeit darstellt. In einem *Spannungsfeld* läßt sich

Strömung = Vektor

Für jeden Punkt läßt sich ein Vektor angeben, der Größe und Richtung der Strömungsgeschwindigkeit darstellt.

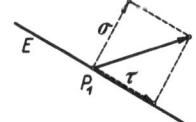

Anschauliche Darstellung von Strömungsfeldern durch Stromlinien: Sie geben die Richtung und durch ihre Dichte auch die Größe der Geschwindigkeit an

Abb. 5. Strömungsfeld und Spannungsfeld.

Spannung = Tensor

In einem Punkt läßt sich erst nach Festlegung einer Schnittebene die Spannung nach Größe u. Richtung angeben (durch die Komponenten σ u. τ):

Die Funktion, die die Spannungen für verschiedene Schnittebenen mit einander verknüpft, ist der Tensor.

Anschauliche Darstellung von Spannungsfeldern in der Art v. "Stromlinien" nur in Sonderfällen (Torsion) möglich. - "Spannungstrajektorien" sind wenig anschaulich.

hingegen in einem Punkt P erst nach Festlegen einer bestimmten Schnittebene E die Spannung nach Größe und Richtung angeben, und zwar durch ihre

Komponenten σ und τ[1]. Die Spannungen, die für verschiedene Schnittebenen durch den gegebenen Punkt gelten, sind nicht unabhängig voneinander, sondern durch eine Funktion, den Tensor, miteinander verbunden. Dieser Tensor ordnet also jeder Schnittrichtung durch diesen Punkt P eine Spannung zu und gibt insbesondere auch an, für welche Richtungen die Normalspannungen einen Größt- oder Kleinstwert erreichen. Diese Richtungen, in denen gleichzeitig die Schubspannungen verschwinden, sind ja bekanntlich die aufeinander senkrecht stehenden Hauptspannungsrichtungen; ihre Verbindung von Punkt zu Punkt ergibt die „Spannungstrajektorien".

Die anschauliche Darstellung von Strömungsfeldern geschieht durch *Stromlinien*; diese geben die Richtung und durch ihre Dichte auch die Größe der Geschwindigkeit an, wie das Potentialfeld in Abb. 1 gezeigt hat. Eine anschauliche Darstellung von Spannungsfeldern in der gleichen Art ist nur in Sonderfällen möglich [26, 27]. Die Darstellung von Spannungszuständen durch die erwähnten Spannungstrajektorien ist meist nicht sehr anschaulich, da diese im allgemeinen nicht ohne weiteres die Größe der Spannungen erkennen lassen.

2. Der Mohrsche Spannungskreis bei einachsiger Zugbeanspruchung.

Der Spannungszustand in einem Punkt bedingt für jede Schnittebene eine bestimmte Normal- und Schubspannung. Wenn man für zwei Ebenen die Spannungen kennt, z. B. für die Längsebene und die Querebene eines Zugstabes, so ist es an und für sich möglich, auf Grund von Gleichgewichtsbedingungen für jede beliebige Ebene die Spannungen zu berechnen. Dieses Verfahren ist jedoch für den Konstrukteur meist zu umständlich und unübersichtlich.

Dennoch bietet sich auch für den Konstrukteur die Möglichkeit, einen sofortigen und umfassenden Überblick über jeden Spannungszustand zu erhalten, und zwar durch Benutzung des Mohrschen Spannungskreises. Mohr hat durch seinen Spannungskreis den Tensor, der die Normal- und Schubspannungen für verschiedene Schnittebenen miteinander verknüpft, in eine äußerst anschauliche und übersichtliche Form gebracht, besser als es irgendwelche mathematischen Funktionen vermögen [28][2]. Leider hat dieser Mohrsche Spannungskreis noch nicht die Verbreitung gefunden, die er verdient. Im folgenden soll daher versucht werden, an Hand von Beispielen eine leicht verständliche Darstellung des Mohrschen Kreises zu geben.

In Abb. 6 sind für einen als dünnes Blech gedachten Zugstab die Spannungen für verschiedene Schnittrichtungen E_1, E_2, E_3, E_4, E_5 zusammengestellt. Auf der Ebene E_1, quer zur Lastrichtung, gibt es nur die senkrecht stehende Zugspannung σ_1; auf die Ebene E_2 wirkt eine etwas kleinere Zugspannung σ_2, dafür zusätzlich eine Schubspannung τ_2; für die Ebene E_3 hat die Zugspannung noch weiter abgenommen, in der Ebene E_4 wirken überhaupt keine Spannungen mehr, σ_4 und τ_4 sind gleich 0. In der Ebene E_5, die unter einem Winkel von 135° gegen die Ebene E_1 bzw. einem Winkel von 45° zur Stabachse

---

[1] Die Verfasser glauben, auf diese einfachen und grundlegenden Gesetze so ausführlich eingehen zu dürfen, weil nicht selten die Vorstellung herrscht, daß die Spannung als Vektor aufgefaßt werden darf. So findet man z. B. bei der Erklärung von Dauerverdrehbrüchen häufig folgende irreführende Ausdrucksweise: „Die Schubspannungen, die bei Verdrehung in der Längs- und in der Querrichtung wirken, lassen sich zu einer resultierenden Zugspannung in einer Richtung unter 45° zusammenfassen".

[2] Eine ausführliche Ableitung des Mohrschen Spannungskreises enthält das Buch von Th. Pöschl, Elementare Festigkeitslehre, Lehrbuch der techn. Mechanik Bd. II (Berlin: Julius Springer 1936).

verläuft, wirkt eine Zugspannung σ_5, halb so groß wie σ_1, und eine Schubspannung τ_5, auch halb so groß wie σ_1, in Übereinstimmung mit dem Gummimodell in Abb. 3.

In dem Koordinatensystem in Abb. 6 (rechts) sind die Spannungen für die einzelnen Ebenen noch einmal aufgetragen, und zwar die Normalspannungen in waagerechter Richtung, die Schubspannungen in senkrechter Richtung. Die Koordinaten der Punkte E_1 bis E_5 geben also jeweils die Spannungen σ und τ für die entsprechenden Ebenen an. Der Punkt E_4 fällt in den Koordinatenursprung, da in der Ebene E_4 keine Spannungen wirken. Die Punkte E_2 und E_3 liegen unterhalb, d. h. rechts von der σ-Achse, und der Punkt E_5 liegt oberhalb, d. h. links von der σ-Achse, weil die Schubspannungen τ_2 und τ_3, von der Schnittebene aus

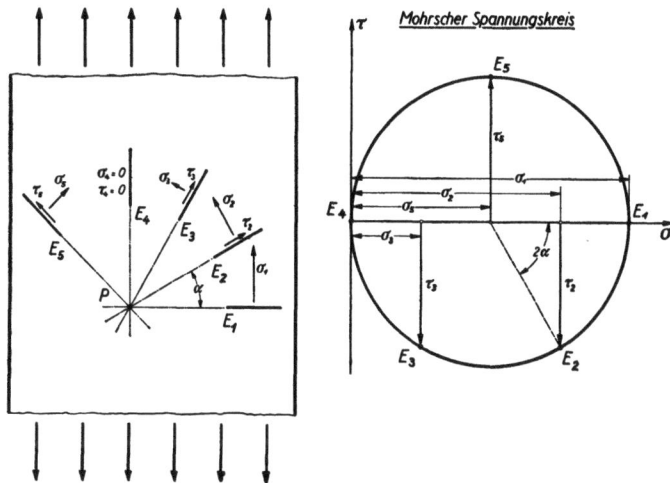

Abb. 6. Zusammenstellung der Spannungskomponenten σ und τ für verschiedene Schnittrichtungen bei einachsiger Zugbeanspruchung.

in Richtung $+\sigma$ gesehen, nach rechts weisen, während die Schubspannung τ_5 nach links weist. Würden wir noch mehr Ebenen durch den Punkt P legen, so erhielten wir in der Zusammenstellung rechts noch mehr Abbildungspunkte E für diese Ebenen.

Die Verbindungslinie aller dieser Punkte bildet einen Kreis, den sog. Mohrschen Spannungskreis. Dieser ist auch in Abb. 6 eingezeichnet. Die Abb. 6 zeigt außerdem noch folgendes: Haben zwei Schnittebenen E_1 und E_2 durch den Punkt P den Zwischenwinkel α, so haben ihre Bildpunkte E_1 und E_2 auf dem Mohrschen Kreis den Zwischenwinkel 2α. Der Mohrsche Spannungskreis ist also eine graphische Darstellung für den Spannungszustand in einem bestimmten Punkt: Er ordnet jeder Schnittebene E in dem Körper einen Bildpunkt in dem σ-τ-Diagramm zu, und zwar derart, daß 1. die Koordinaten dieses Bildpunktes die Spannungen σ und τ für die Ebene E wiedergeben, und 2. der Winkel, den zwei Bildpunkte auf dem Mohrschen Kreis miteinander bilden, doppelt so groß ist wie der Winkel, den die entsprechenden Ebenen einschließen. Es ist hierbei jedoch zu beachten, daß der Winkel im Mohrschen Kreis und der Winkel in Wirklichkeit entgegengesetzten Drehsinn haben. So wird z. B. für eine Ebene, die allmählich entgegen dem Uhrzeigersinn gedreht wird, der entsprechende Bildpunkt im Zeigersinn auf dem Mohrschen Kreis herumlaufen, natürlich mit der doppelten Winkelgeschwindigkeit. Dieser Drehsinn im Mohrschen Kreis entspricht der folgenden *Vorzeichenfestsetzung* für die Spannungen: Zugspannungen sind positiv, sie werden also nach rechts aufgetragen; Druckspannungen sind negativ und werden daher nach links aufgetragen[1]. Eine Schubspannung ist für eine bestimmte Ebene dann als positiv zu rechnen, wenn sie sich im Zeigersinn um 90° in die Zugrichtung für diese Ebene, d. h. in die Ebenen-Normale, drehen läßt. Für die Ebenen E_2 und E_3 in Abb. 6 ist daher die Schubspannung negativ einzutragen, für die Ebene E_5 positiv[2].

Der MOHRsche Spannungskreis ist übrigens nicht nur eine abstrakte Darstellung, die die mathematischen Beziehungen zwischen den Spannungen durch eine Kurve wiedergibt, er läßt außerdem noch eine unmittelbar anschauliche Deutung zu, und zwar als Bahnkurve für den Endpunkt des Spannungsvektors in bezug auf eine Zeichenebene, die sich mit der Schnittebene mitdreht, Abb. 7: Für eine bestimmte Schnittebene kann man die Spannungskomponenten σ und τ durch einen Spannungsvektor $\mathfrak{t}$ zusammenfassen. Dreht man die Schnittebene (um eine Senkrechte durch den Punkt P in Abb. 6), so verändert dieser Spannungsvektor $\mathfrak{t}$ im allgemeinen seine Größe und seine Richtung. Denkt man sich nun die Zeichenebene, in der man den MOHRschen Kreis darstellen will, mit der Schnittebene gedreht, und sticht man in den einzelnen Lagen jedesmal den Endpunkt des Spannungsvektors $\mathfrak{t}$ in die mitgedrehte Bildebene ein, so wird auf diese Weise der MOHRsche Kreis von selbst aufgezeichnet.

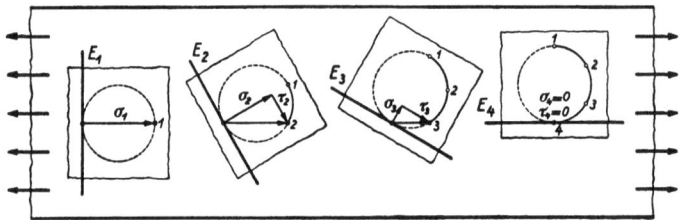

Abb. 7. Darstellung des Mohrschen Kreises als Relativbahn des Spannungsvektor-Endpunktes in bezug auf die sich drehende Schnittebene.

Für irgendeinen Beanspruchungsfall läßt sich der MOHRsche Kreis sofort bestimmen, wenn man die Spannungen σ und τ für zwei rechtwinklig zueinander stehende Ebenen kennt. Für diese Ebenen liegen nämlich die Bildpunkte auf dem MOHRschen Kreis um 180° auseinander; in der Mitte ihrer Verbindungslinie liegt infolgedessen der Mittelpunkt des MOHRschen Kreises.

Auf Grund von einfachen Gleichgewichtsbedingungen ist leicht einzusehen, daß die Schubspannungen für zwei rechtwinklig zueinander stehende Ebenen dem Betrage nach gleich sein müssen. Daher muß auch der MOHRsche Kreis symmetrisch zur σ-Achse liegen. Hieraus folgt, daß die größte auftretende Schubspannung gleich dem Halbmesser des MOHRschen Kreises ist, und daß die Ebenen, in denen die größten Schubspannungen wirken, immer einen Winkel von 45° mit den Hauptnormalspannungsebenen bilden. Die Abszissen der Schnittpunkte des MOHRschen Kreises mit der σ-Achse geben die Hauptnormalspannungen an, denn für die durch diese Punkte dargestellten Ebenen ist $\tau = 0$ und σ ein Maximum oder Minimum. Für den einachsig gezogenen Stab, bei dem im Querschnitt die Hauptspannung σ_1 herrscht, während die andere Hauptspannung für

---

[1] Bisweilen findet man auch die umgekehrte Darstellungsweise: Druck nach rechts, Zug nach links, so z. B. bei manchen Arbeiten über die Bruchfestigkeit spröder Körper.

[2] Wenn man die Vorzeichen für die Schubspannungen umgekehrt wählt, kann man erreichen, daß der Bildpunkt auf dem MOHRschen Kreis und die Schnittebene gleichen Drehsinn haben. Bei dieser Darstellungsweise, die in praktischer Hinsicht oft vorteilhafter ist, ist jedoch zu beachten, daß σ und τ in MOHRscher Darstellung eine andere Lage zueinander haben als die an der Schnittebene auftretenden Spannungen σ und τ.

den Längsschnitt gleich Null ist, geht der Mohrsche Kreis durch den Koordinatenursprung und durch den Punkt mit der Abszisse σ_1; der Kreis liegt rechts vom Koordinatenursprung. Für den einachsig gedrückten Stab liegt der Mohrsche Kreis in entsprechender Weise links von der τ-Achse[1].

3. Mohrscher Kreis für mehrachsige Spannungszustände.

Der den bisherigen Betrachtungen zugrunde gelegte einachsige Spannungszustand stellt den einfachsten Beanspruchungsfall dar; er liegt bei Zug- (bzw. Druck-) und reiner Biegebeanspruchung von glatten Probestäben vor; weiterhin am Rande von Querbohrungen in Wellen bei Zug, Biegung und Verdrehung (vgl. S. 21, 22). Die Tatsache, daß bei dem einachsigen Zugspannungszustand die größte auftretende Zugspannung doppelt so groß ist wie die größte Schubspannung (vgl. Abb. 6), ist für die Bruchausbildung an solchen Teilen von wesentlicher Bedeutung.

Der einachsige Spannungszustand ist ein Sonderfall: nur für eine der drei rechtwinklig zueinander stehenden Hauptspannungsebenen tritt eine Spannung σ_1 auf, die beiden anderen Hauptspannungen σ_2 und σ_3 sind gleich Null. Im allgemeinen Beanspruchungsfall sind alle drei Hauptspannungen von Null verschieden, der Spannungszustand ist dann *mehrachsig*. Das Wort „Mehrachsigkeit" bringt strenggenommen nur zum Ausdruck, daß in zwei oder drei Hauptspannungsrichtungen Spannungen auftreten. Man findet jedoch häufig in dem Schrifttum über „Gestaltfestigkeit" [2, 3, 29] und in ähnlichen Arbeiten [30, 31] den Begriff „Mehrachsigkeit des Spannungszustandes" insofern eingeschränkt, als er nur dann angewandt wird, wenn die Hauptspannungen *gleichsinnig* sind, also gleiche Vorzeichen haben. Der Grenzfall eines solchen mehrachsigen Druck-Spannungszustandes oder mehrachsigen Zug-Spannungszustandes wird durch den unter allseitigem Druck (Flüssigkeitsdruck) oder allseitig gleich großem Zug stehenden Körper dargestellt.

Ein mehrachsiger Spannungszustand mit Spannungen in den drei Hauptspannungsrichtungen kann immer nur im Innern eines Körpers oder an einer Kraftangriffsstelle auftreten, nie an einer kräftefreien Oberfläche. Man findet z. B. einen mehrachsigen Zug-Spannungszustand im Innern von zugbeanspruchten Proben mit Umlaufkerbe. An der freien Oberfläche eines Körpers herrscht stets ein sog. *ebener* Spannungszustand, da die dritte Hauptspannung, senkrecht zur Oberfläche, gleich Null ist. Der für die Oberfläche des glatten Zugstabes geltende einachsige Spannungszustand kann als Sonderfall des ebenen Spannungszustandes aufgefaßt werden. Der ebene Spannungszustand wird in dem oben angegebenen Sinn als mehrachsig bezeichnet, wenn in den beiden Hauptspannungsrichtungen Spannungen gleichen Vorzeichens auftreten. Ein solcher Spannungszustand bildet sich z. B. bei Zug- oder Biegebeanspruchung im Kerbgrund von Umlaufkerben aus.

Ein mehrachsiger Zugspannungszustand bedingt kleinere Schubspannungen als ein einachsiger mit gleicher größter Zugspannung. Die in Abb. 8 dargestellten Gummimodelle sollen dies erläutern. Sie sollen insbesondere zeigen, wie sich die Spannungen an einem Schnitt unter 45° zur Hauptlastrichtung verändern, wenn nicht nur in dieser Richtung Zugkräfte angreifen, sondern auch quer dazu. Abb. 8a gibt noch einmal den einachsigen Spannungszustand wieder, wie er in einer Platte auftritt, die in der vertikalen Richtung durch die Zugkraft P_1 beansprucht wird. An dem Schnitt unter 45° zur Zugrichtung wirken die Spannungen σ_α und τ_α, die in dem Mohrschen Kreis hervorgehoben sind.

---

[1] Vgl. Fußnote 1 auf S. 10.

Wird nun die Gummiplatte auch in der waagerechten Richtung gezogen, und zwar durch eine Kraft $P_2 = \frac{1}{2} P_1$, dann öffnet sich der 45°-Schlitz etwas mehr, und gleichzeitig nimmt in demselben Maße die Verschiebung seiner Ränder gegeneinander ab, Abb. 8b. In Übereinstimmung hiermit ist in dem darunter gezeichneten MOHRschen Kreis die Zugspannung σ_α gegenüber dem Fall a gestiegen, während die in der Schnittrichtung wirkende Schubspannung abgenommen hat; der MOHRsche Kreis, der jetzt zwischen σ_1 und $\sigma_2 = \frac{1}{2} \sigma_1$ liegt, ist kleiner geworden.

Steigt der Querzug P_2 noch weiter an, bis er so groß wie der Längszug P_1 ist, dann öffnet sich der 45°-Schlitz noch mehr, er wird doppelt so breit wie im Fall a; die Verschiebung seiner Ränder ist dagegen verschwunden, Abb. 8c. Es herrschen

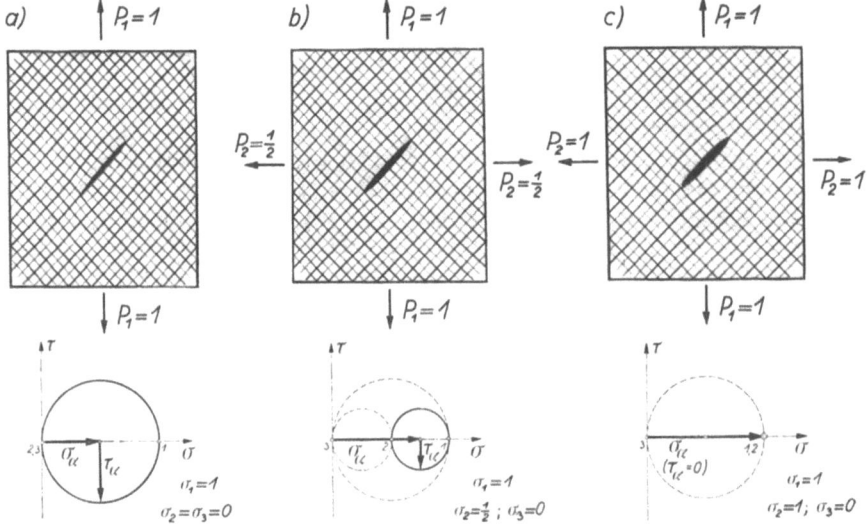

Abb. 8. Einachsige und mehrachsige Zugbeanspruchung.
Ebener Spannungszustand (σ_α und τ_α: Spannungen für die Schnittrichtung im Gummimodell; $\alpha = 45°$).

jetzt in der eingezeichneten Richtung unter 45° nur noch Zugspannungen $\sigma_\alpha = \sigma_1 = \sigma_2$, τ_α ist Null. Der MOHRsche Kreis, der die Spannungen für die verschiedenen Schnittrichtungen quer zur Platte wiedergibt, ist zu einem Punkt zusammengeschrumpft: Wenn also in einer Scheibe für zwei Richtungen reine Zugspannungen von gleicher Größe auftreten, dann hat für jede beliebige Schnittrichtung (senkrecht zur Scheibe) die Normalspannung die gleiche Größe, während eine Schubspannung für diese Richtungen nicht mehr vorhanden ist. Man darf jedoch nicht annehmen, daß in der Platte überhaupt keine Schubspannungen mehr auftreten; Abb. 9 zeigt sofort, daß in Schnittrichtungen schräg zur Plattenebene noch Schubspannungen zur Wirkung kommen können. In Abb. 8 ist dies schon durch die gestrichelten MOHRschen Kreise angedeutet worden.

Diese Schubspannungen in Schnittebenen schräg zur Platte werden häufig übersehen, weil bei der Behandlung zweiachsiger Spannungsprobleme meist nur der eine MOHRsche Kreis für den ebenen Spannungszustand gezeichnet bzw. nur die eine Hauptschubspannung $\tau' = \dfrac{\sigma_1 - \sigma_2}{2}$ betrachtet wird. Denkt man aber daran, daß unter 45° zu einer Platte oder einer Membran noch Hauptschubspannungen $\tau'' = \dfrac{\sigma_2 - \sigma_3}{2}$ (vgl. Abb. 9 rechts) und $\tau''' = \dfrac{\sigma_3 - \sigma_1}{2}$ wirken, dann ist sofort klar, daß für $\sigma_1 = \sigma_2$ und $\sigma_3 = 0$ diese Hauptschubspannungen *nicht* verschwinden. (In einem gespannten Trommelfell wirken z. B. in allen Schnittebenen unter 45°

zur Trommelfellebene solche Schubspannungen von der Größe $\tau = \frac{1}{2} \cdot \sigma$.) Sobald daher die zweiachsige Zugbeanspruchung in einer Platte die Elastizitätsgrenze übersteigt, treten Gleitungen unter 45° zur Platte auf; diese werden bei wechselnder Beanspruchung den Werkstoff zerrütten und einen Zeitbruch oder Dauerbruch verursachen.

Die Bedeutung der gestrichelten MOHRschen Kreise in Abb. 8 geht aus den folgenden Überlegungen hervor: Denken wir uns eine ebene Platte in die Bildebene hineingelegt, z. B. die in Abb. 8c dargestellte Gummiplatte, und derart beansprucht, daß die erste Hauptspannungsrichtung von unten nach oben weist, die zweite von links nach rechts, dann steht die dritte Hauptspannungsrichtung senkrecht auf der Platte. Die bisher betrachteten Schnittebenen quer zur Platte hatten alle gemeinsam, daß sie durch die dritte Hauptspannungsrichtung gingen. Die für diese

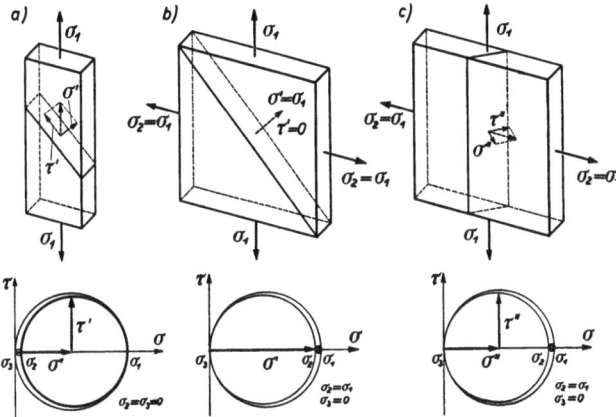

Abb. 9. Spannungen in verschiedenen Schnittrichtungen beim „ebenen" Spannungszustand.
a) Einachsiger Zug, Spannungen für einen Schnitt unter 45° zur Stabachse.
b) Zweiachsiger Zug, Spannungen für einen Schnitt senkrecht zur Platte.
c) Zweiachsiger Zug, Spannungen für einen Schnitt schräg zur Platte (unter 45° geneigt).

Ebenenschar geltenden Bildpunkte liegen auf den in Abb. 8 stark ausgezogenen MOHRschen Kreisen, die zwischen den Hauptspannungen σ_1 und σ_2 gezeichnet sind. Wenn also der Bildpunkt einer solchen Ebene auf dem MOHRschen Kreis herumwandert, dann dreht sich die entsprechende Ebene um die Hauptspannungsrichtung 3. Nun betrachten wir eine Ebene, die sich um die Hauptspannungsrichtung 1 herumdreht; die Bildpunkte für diese Ebenenschar liegen auf dem MOHRschen Kreis zwischen den Spannungen σ_2 und σ_3; entsprechend liegen die Bildpunkte für die Ebenen, die die Hauptspannungsrichtung 2 gemeinsam haben, auf dem Kreis zwischen den Spannungen σ_3 und σ_1. Die beiden letztgenannten MOHRschen Kreise sind in Abb. 8 gestrichelt gezeichnet.

Außer diesen 3 Scharen von Ebenen um die 3 Hauptspannungsrichtungen gibt es noch allgemeiner im Raum liegende Ebenen; diese interessieren jedoch meist weniger. Ihre Bildpunkte liegen in den von den 3 MOHRschen Kreisen gebildeten Kreisbogen-Dreiecken. Es gibt keine Ebenen, deren Spannungskomponenten σ und τ nicht innerhalb des größten MOHRschen Kreises für den betrachteten Punkt liegen.

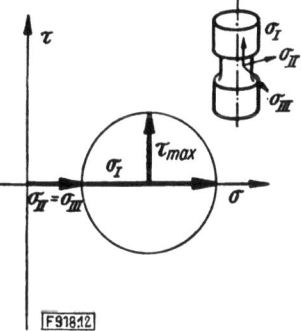

Abb. 10. Mehrachsiger Spannungszustand an einer Kerbe.
Zugspannungen in drei Raumrichtungen für einen Punkt etwas unter der Oberfläche im Kerbgrund (vgl. [81]).

Die größte Schubspannung, die für einen gegebenen Spannungszustand auftreten kann, ist also gleich dem Halbmesser des größten MOHRschen Kreises, d. h. gleich der halben Differenz der größten und kleinsten Hauptspannung. Hieraus folgt, daß bei einem mehrachsigen Zugspannungszustand die auftretenden Schubspannungen kleiner sind als bei einem einachsigen Spannungszustand mit gleicher Hauptspannung σ_1; Abb. 10 zeigt z. B. den MOHRschen Kreis für einen gekerbten Zugstab, und zwar für eine Stelle etwas unterhalb der Oberfläche im Kerbgrund. Die Mehrachsigkeit bedeutet daher eine Formänderungsbehinderung [2, 32], Gleitungen treten nur in geringerem Maße auf.

Ein allgemeiner räumlicher Spannungszustand wird also durch *drei MOHRsche Kreise* vollständig wiedergegeben. Oft fallen zwei davon aufeinander, und der

14   Anschauliche Darstellung der spannungsmechanischen Grundlagen.

dritte schrumpft zu einem Punkt zusammen; dies ist immer der Fall, wenn zwei Hauptspannungen einander gleich sind. Beispielsweise tritt beim einachsigen Spannungszustand nur ein Kreis in Erscheinung, da $\sigma_2 = \sigma_3 = 0$.

4. Mohrscher Spannungskreis bei Verdrehbeanspruchung.

In Abb. 8 war dargestellt, wie bei einem in Längsrichtung gezogenen Stab mit zunehmendem *Querzug* die Schubspannung in der 45°-Richtung abnimmt, während die Zugspannung ansteigt. In ganz entsprechender Weise wird mit zunehmendem *Querdruck* die Schubspannung unter 45° größer und die Zugspannung geringer. Dies soll Abb. 11 veranschaulichen: Abb. 11a zeigt das Gummimodell bei gleicher Belastung wie in Abb. 8a. In Abb. 11b ist ein Spannungszustand wiedergegeben, bei dem dem Längszug P_1 noch ein Querdruck

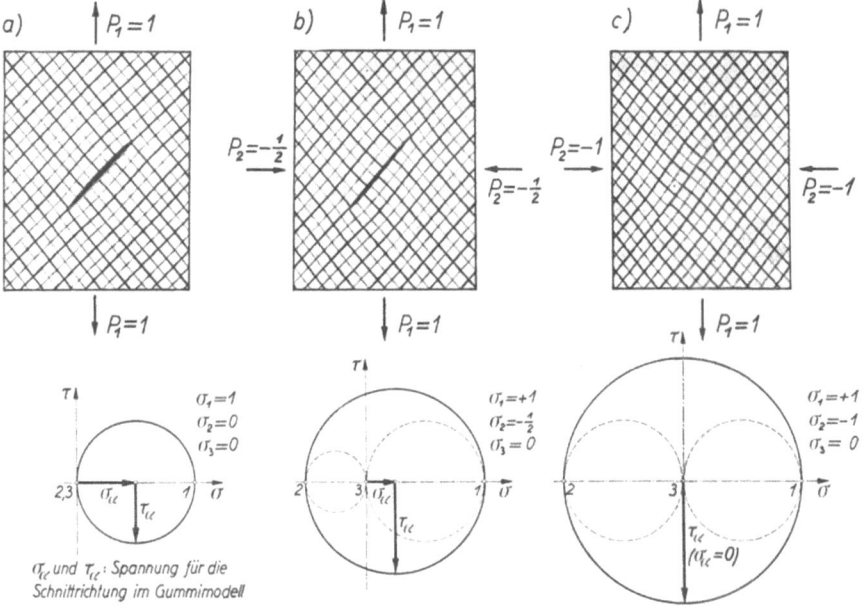

Abb. 11. Einachsige und mehrachsige Beanspruchung.
[a) Zug, c) Verdrehung].

$P_2 = -\frac{1}{2} P_1$ überlagert ist. Der Schlitz unter 45° hat sich dabei etwas zusammengedrückt und seine Ränder haben sich stärker gegeneinander verschoben; die Schubspannung ist also angestiegen. Denselben Sachverhalt erkennt man auch aus dem Mohrschen Kreis, der jetzt zwischen σ_1 und $\sigma_2 = -\frac{1}{2}\sigma_1$ liegt und somit größer geworden ist.

Überlagert man schließlich dem Längszug P_1 einen Querdruck $P_2 = -P_1$, so schließt sich der 45°-Schlitz vollständig; seine Ränder verschieben sich dabei noch stärker gegeneinander, Abb. 11c. Bei Überlagerung von Längszug und Querdruck verschieben sich die Schlitzränder genau so viel, wie sie sich bei einer Überlagerung von Längszug und Querzug öffnen. (Vgl. Abb. 11c mit Abb. 8c.)

In den beiden Schnittrichtungen unter 45° treten jetzt nur noch Schubspannungen auf. Der einen 45°-Richtung entspricht der oberste Punkt des Mohrschen Kreises, der anderen, rechtwinklig dazu liegenden, der unterste Punkt. Wir haben es in diesem Fall mit einem sog. reinen Schubspannungszustand zu tun. Wir können diesen Spannungszustand auch Verdrehspannungszustand nennen, denn ein Vergleich der Gummimodelle in Abb. 11c und 12 (links) beweist, daß sich durch *Überlagerung von Zug und rechtwinklig dazu wirkendem gleichgroßem Druck* derselbe Spannungszustand erzeugen läßt wie durch Verdrehung. Daher ist auch der stark ausgezogene MOHRsche Kreis in Abb. 11c derselbe wie der MOHRsche Kreis für Verdrehbeanspruchung in Abb. 13. Der MOHRsche Kreis für Verdrehbeanspruchung liegt zwischen σ_1 und $\sigma_2 = -\sigma_1$, er ist doppelt so groß wie bei einachsiger Zugbeanspruchung. Der Verdrehspannungszustand ist sozusagen das Gegenstück zu einem mehrachsigen Zugspannungszustand. Während der mehrachsige Zugspannungszustand gleitbehindernd wirkt, fördert dieser Spannungszustand das Auftreten von Gleitungen.

Von der Tatsache, daß sich der Spannungszustand bei Verdrehbeanspruchung auch durch Überlagerung von einachsiger Zugbeanspruchung und einachsiger Druckbeanspruchung erzeugen läßt, kann man oft vorteilhaften Gebrauch machen; z. B. wenn es sich darum handelt, die Spannungsverteilung für eine verdrehbeanspruchte Welle mit Querbohrung zu ermitteln (vgl. Abb. 28).

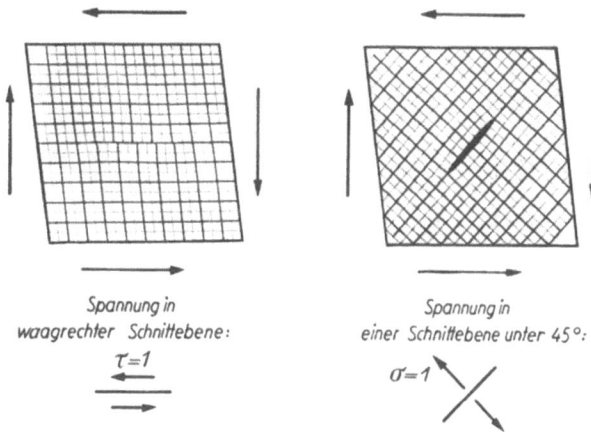

Abb. 12. Veranschaulichung des Spannungszustandes bei reiner Schubbeanspruchung (Verdrehung).
Gummimodell mit Schnitt in Schubrichtung und unter 45° dazu.

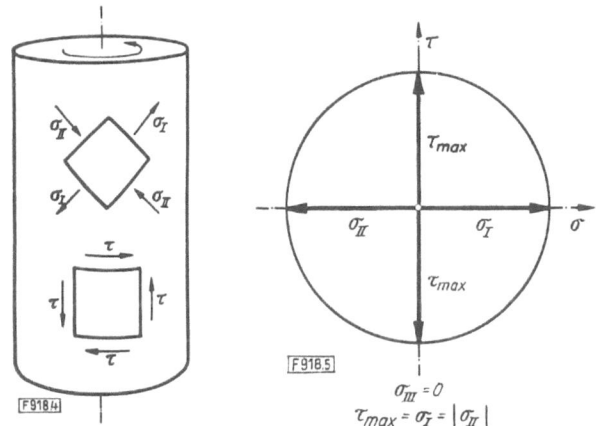

Abb. 13. Spannungszustand an der Oberfläche einer verdrehbeanspruchten Welle.

IV. Beanspruchungs- und Verformungsverhältnisse in einer verdrehten Welle.

Die besondere Mannigfaltigkeit der Verdrehbrucherscheinungen macht es erforderlich, auf die Beanspruchungs- und Verformungsverhältnisse bei Verdrehung noch etwas näher einzugehen und dabei auf einige Tatsachen hinzuweisen, die bisher noch nicht beachtet wurden. So kann man z. B. eine Erklärung für die bei zügiger (d. h. in einem Zug ansteigender) Verdrehung von Stahlwellen vorkommenden „Querbrüche" [33] nur finden, wenn man sich mit dem *Verformungsvorgang* befaßt, der vor dem Bruch stattgefunden hat.

1. Beanspruchungszustand bei Verdrehung.

Auf der Oberfläche einer verdrehbeanspruchten Welle herrscht ein ebener Spannungszustand, dessen Hauptnormalspannungen unter 45° zur Wellenachse verlaufen, wie in Abb. 13 (links oben) gezeigt ist; das untere Bild gibt die Richtung der größten Schubspannungen an, die in Achsenrichtung und rechtwinklig dazu verlaufen. Bei wechselnder Verdrehbeanspruchung tritt der größte Zug abwechselnd in einer der beiden Richtungen unter 45° auf, Abb. 14.

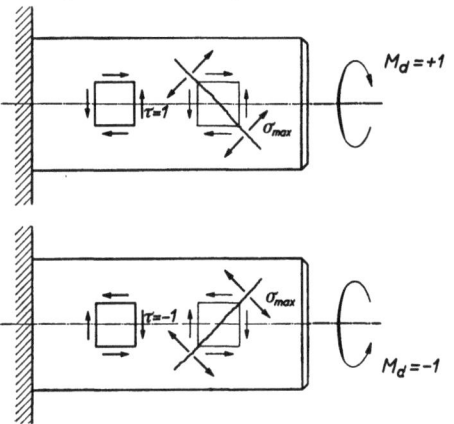

Abb. 14. Ebenen mit größter Zugspannung bei einer wechselverdrehten Welle.

Aus dem ebenfalls in Abb. 13 dargestellten MOHRschen Kreis erkennt man sofort die für die Bruchausbildung so wichtige Tatsache, daß bei Verdrehbeanspruchung die auftretenden Schubspannungen gleiche Größe wie die Hauptnormalspannungen haben, $|\tau_{max}| = |\sigma_I| = |\sigma_{II}|$, während bei einachsiger Zugbeanspruchung, wie sie beim gebogenen Balken oder beim Zugstab vorliegt, die auftretende größte Schubspannung (unter 45° zur Achse) nur halb so groß wie die Zugspannung ist [34].

Aus diesem Grunde brechen zug- oder biegebeanspruchte Teile meist senkrecht zur größten Zugspannung, während bei Verdrehbeanspruchung zäher Werkstoffe auch häufig Brüche in Richtung der größten Schubspannung zu beobachten sind (auf diese Bruchgesetze wird später ausführlicher eingegangen).

Der oben geschilderte Verdrehspannungszustand gilt sowohl bei elastischer als auch bei plastischer Verdrehung. Im elastischen Gebiet nehmen die Spannungen linear nach der Wellenmitte hin ab, im plastischen Gebiet werden auch die unter der Oberfläche liegenden Werkstoffteilchen stärker zur Belastungsaufnahme herangezogen, wodurch nach dem Entlasten ein Eigenspannungszustand zurückbleibt.

2. Beziehungen zwischen Verdrehwinkel und Schubverformung.

Um die Größe der Verdrehung einer Welle zu kennzeichnen, gibt man die sog. Randformänderung an; sie ist gleich dem Tangens des Winkels, den eine ursprünglich achsenparallele Mantellinie nach der Verdrehung mit der Achsenrichtung bildet, also gleich dem Cotangens des Steigungswinkels der entstehenden Schraubenlinie. Die Randformänderung ist ein Maß für die Schubverformung der Werkstoffteile am Umfang der Welle. Zwischen der Drillung ϑ und der Randformänderung γ_R besteht nach Abb. 15 die Beziehung

$$\gamma_R = \vartheta \cdot \frac{d}{2};$$

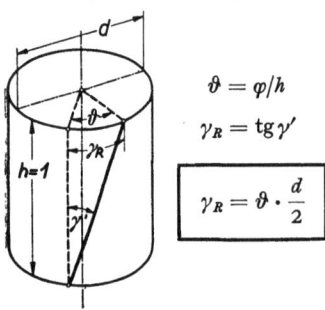

Abb. 15. Beziehungen zwischen der Randformänderung γ_R und der Drillung ϑ bei einer verdrehten Welle.

ϑ ist dabei die Verdrehung zweier im Abstand 1 befindlicher Querschnitte gegeneinander und wird im Bogenmaß gemessen.

Zeichnet man auf die Oberfläche der Welle vor dem Verdrehversuch ein Koordinatennetz auf, das Abb. 16 (links) wiedergibt, so wird mit zunehmender Verdrehung das Quadratnetz verzerrt, es entstehen aus den einzelnen Quadraten schiefwinklige Parallelogramme. Diese behalten gleiche Höhe und gleiche Grundlinie, denn die Welle behält bei der Verdrehung ihre Länge und schnürt sich nicht ein; die Querschnitte bleiben eben. Dies gilt, wie theoretische Untersuchungen zeigen, sowohl für das elastische als auch für das plastische Verformen[1]. Ein auf die abgewickelt gedachte Oberfläche der Welle in unverdrehtem Zustand aufgezeichneter Kreis wird zu einer Ellipse, Abb. 16 (rechts). In der Abbildung ist noch durch bezifferte Vektoren *1, 2, 3* u. *4* hervorgehoben, wie einzelne, bei der unverdrehten Welle vorgegebene Schnittebenen während der Verdrehung ihre Richtung verändern.

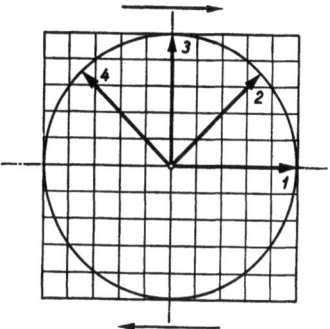

Treten nur kleine Formänderungen auf, wie dies etwa bei Dauerwechselbeanspruchung der Fall ist, so fallen die Richtungen, in denen die *größten Schubverformungen* stattfinden, mit den Richtungen größter Schubspannungen zusammen (Richtung *1* und *3* in Abb. 16).

Werden der Welle größere plastische Formänderungen aufgezwungen, so daß eine im Werkstoff vorgegebene Ebene ihre Richtung stetig ändert, dann ist es nicht mehr nötig, daß in einer Ebene, in der gerade die größte Schubspannung auftritt, auch die größte Schubverformung stattgefunden hat.

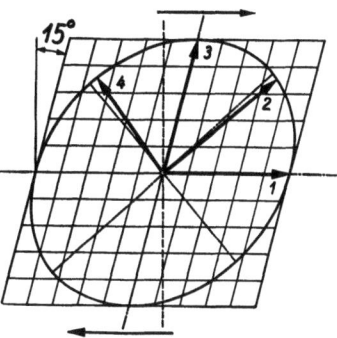

[1] Bei Feinmessungen lassen sich allerdings bei manchen Werkstoffen geringfügige Änderungen in der Länge feststellen [35, 36].

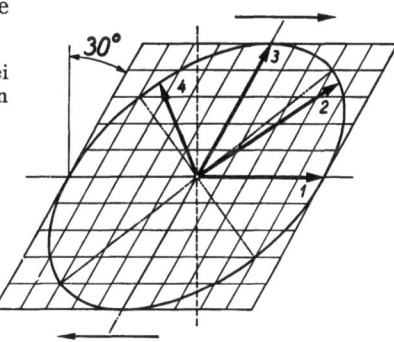

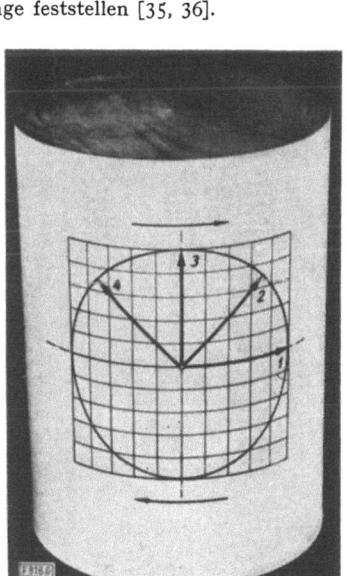

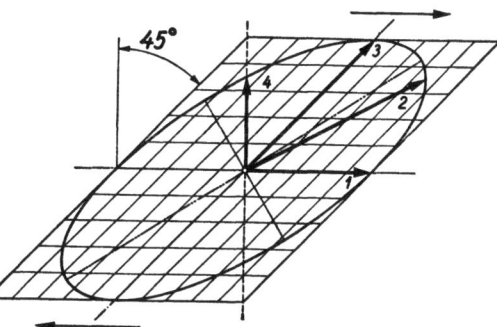

Abb. 16. Verformung eines Quadratnetzes auf der Oberfläche einer Welle bei zunehmender Verdrehung.
→ *1, 2, 3, 4*: im Werkstoff vorgegebene Ebenen. —··—··— Achsen der aus dem aufgezeichneten Kreis entstehenden Ellipsen.

8. Verformungsverhältnisse bei starker plastischer Verdrehung.

Wird eine Welle so stark verdreht, daß eine ursprünglich achsenparallele Mantellinie als Schraubenlinie unter 45° verläuft, wie dies bei zügiger Verdrehung von Stahlwellen vorkommt, so treten z. B. folgende Verhältnisse ein: Die ursprünglich in Querrichtung liegende Schnittebene *1* bleibt in dieser Richtung, Abb. 16 (rechts unten); sie fällt also immer mit einer Richtung größter Schubspannung zusammen. Der ursprünglich in Längsrichtung liegende Vektor *3* bildet nach der Verdrehung einen Winkel von 45° mit der Achse; er liegt also zuerst in der Richtung größter Schubspannung und am Ende der Verdrehung in der Hauptnormalspannungsrichtung (Ebene mit größter Druckbeanspruchung). In der durch ihn gekennzeichneten Werkstoffebene herrschen also zunächst nur Schubspannungen, die allmählich abnehmen, während die Ebene durch wachsende Druckspannungen beansprucht wird. Am Schluß der angenommenen Verdrehung treten in der Richtung *3* überhaupt keine Schubspannungen mehr auf. In ganz entsprechender Weise wird während der Verdrehung die Werkstoffebene *4* aus einer Ebene mit größter Zugbeanspruchung in eine Richtung größter Schubbeanspruchung hineingedreht.

Es ist also offensichtlich, daß nach einer stärkeren Verdrehung der Welle in der Werkstoffebene *1*, also in einer Ebene quer zur Wellenachse, die größten Schubverformungen stattgefunden haben.

Hierin ist die Erklärung für den bei zügiger Verdrehung auftretenden glatten „Querbruch" zu finden, wie später gezeigt wird (vgl. Abb. 39).

B. Spannungszustand und Spannungsverteilung bei gekerbten Bauteilen.

I. Bedeutung der Kerbwirkung.

1. Ungleichmäßigkeit der Spannungsverteilung und Mehrachsigkeit des Spannungszustandes.

Eine Kerbe stört die gleichmäßige Spannungsverteilung und erzeugt im Kerbgrund eine Spannungsspitze. Kennzeichnend für den Einfluß einer Kerbe ist in erster Linie die Höhe der Spannungsspitze σ_{max} bzw. die Formziffer α_k, die das Verhältnis dieser Spannungsspitze zu der Mittelspannung oder Nennspannung σ_n angibt. Darüber hinaus ist aber auch die Steilheit der Spannungsspitze, d. h. die Tangente an die Spannungsverteilungskurve von Bedeutung. Die Höhe der Spannungsspitze und die Steilheit ihres Anstieges sind von den Abmessungen der Kerbe, besonders der Kerbschärfe, und auch von der Beanspruchungsart

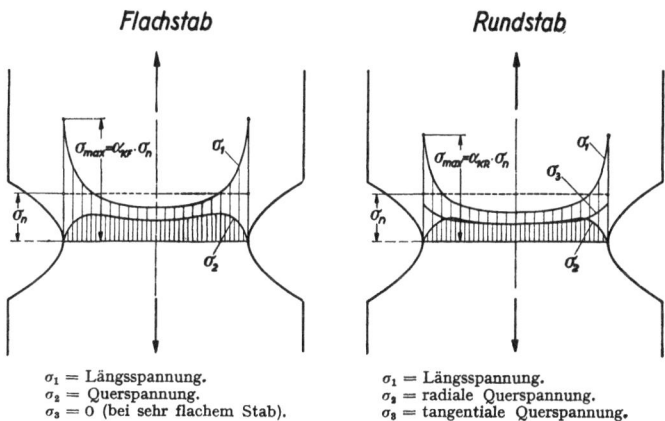

σ_1 = Längsspannung.
σ_2 = Querspannung.
σ_3 = 0 (bei sehr flachem Stab).

σ_1 = Längsspannung.
σ_2 = radiale Querspannung.
σ_3 = tangentiale Querspannung.

Abb. 17. Verteilung der 3 Hauptspannungen σ_1, σ_2 und σ_3 im Kerbquerschnitt eines gezogenen Flachstabes und eines gezogenen Rundstabes.

abhängig. Die absolute Größe des Teiles hat auf die Höhe der Spannungsspitze keinen Einfluß, geometrisch ähnliche Probekörper haben gleiches α_k, dagegen hängt die Steilheit des Spannungsanstieges von den absoluten Dimensionen ab — bei gleichbleibender Nennspannung ist der Spannungsanstieg um so steiler, je kleiner die Probe ist —, so daß, insbesondere bei kleinen Teilen, ein gewisser „Größeneinfluß" auf die Kerbwirkung festzustellen ist [37, 38, 39].

Eine Kerbe beeinflußt aber nicht nur die Spannungsverteilung, sondern auch den Spannungszustand. Wenn man einen glatten Zerreißstab, in dem ein einachsiger Spannungszustand herrscht, mit einer umlaufenden Ringkerbe versieht, dann erhält man im Kerbgrund an der Oberfläche einen zweiachsigen Zugspannungszustand, im Innern des Stabes sogar einen dreiachsigen Zugspannungszustand. Abb. 17 gibt für einen gekerbten Zugstab den Verlauf der Lastspannung σ_1, der radialen Querspannung σ_2 und der tangentialen Querspannung σ_3 wieder (für einen dünnen Flachstab wird natürlich σ_3 gleich Null).

Die Tatsache, daß eine Kerbe eine *Spannungsspitze* hervorruft, ist von entscheidender Bedeutung für die Dauerhaltbarkeit eines Konstruktionsteiles; die Minderung der Dauerfestigkeit hängt in der Hauptsache von der Höhe der Spannungsspitze ab. Die andere, zusätzlich noch auftretende Wirkung der Kerbe, nämlich die Erzeugung eines mehrachsigen Spannungszustandes, kommt hierbei erst in zweiter Linie in Betracht. Die *Mehrachsigkeit des Spannungszustandes* tritt nur insofern praktisch in Erscheinung, als sie zusammen mit der *Ungleichmäßigkeit der Spannungsverteilung* (Beschränkung der hohen Spannungsspitze auf ein sehr kleines Gebiet) eine gleitbehindernde Wirkung hat und dadurch die Dauerbruchgefahr an solchen Kerbstellen mildert. Bei wechselnder Beanspruchung hängt nämlich die Dauerbruchgefahr von der Größe der auftretenden Gleitungen ab: sobald die Gleitungen die sog. Grenzgleitung überschreiten, bewirken sie eine Werkstoffzerrüttung, als deren Folge ein Dauerbruch auftritt. Eine Gleitbehinderung hat also einen günstigen Einfluß auf die Dauerhaltbarkeit.

Diesen Vorgang kann man sich etwa folgendermaßen vorstellen: Infolge der Ungleichmäßigkeit der Spannungsverteilung fällt die Spannung σ_1 von der Spannungsspitze σ_{max} im Kerbgrund rasch nach innen ab. Die für das Auftreten von Gleitungen verantwortliche Schubspannung fällt sogar noch rascher ab, denn am Rande ist sie gleich $\sigma_1/2$, während sie infolge des mehrachsigen Spannungszustandes im Innern wesentlich kleiner als $\sigma_1/2$ ist, Abb. 18. Die Zug-Mehrachsigkeit verstärkt also den Einfluß der Ungleichmäßigkeit der Spannungsverteilung ganz erheblich.

Der Werkstoff hat nun in mehr oder weniger ausgeprägter Form die Neigung, nur „quantenhaft" zu gleiten, d. h. ein Gleiten tritt nur dann auf, wenn es sich gleich über ein gewisses Gebiet erstrecken kann. Liegen also infolge des Steilabfalls der Schubspannungsverteilung Gebiete mit hoher Schubspannung und Gebiete mit niedriger Schubspannung sehr nahe nebeneinander, so wird das Gleiten in den Gebieten mit der hohen Spannungsspitze behindert [40...44]. Es treten an diesen hochbeanspruchten Stellen wesentlich kleinere Gleitungen auf, als der Schubspannungsspitze $\tau_{max} = \sigma_{max}/2$ entsprechen würde. Diese „Stützwirkung" hat zur Folge, daß sich die Spannungsspitze $\sigma_{max} = \alpha_k \cdot \sigma_n$ nicht in ihrer vollen Höhe auf die Dauerfestigkeit auswirkt [2]. Man trägt bekanntlich diesem scheinbaren Abbau der Spannungsspitze dadurch Rechnung, daß man statt der elastizitätstheoretisch errechneten Formziffer α_k die Kerbwirkungszahl β_k in Rechnung setzt. Durch eine Kerbe sinkt also die Dauerfestigkeit nicht auf den α_k-ten, sondern nur auf den β_k-ten Teil. Das Verhältnis der praktisch wirksamen Spannungsüberhöhung zu der theoretisch berechneten nennt man Kerbempfindlichkeitszahl η_k, $\eta_k = (\beta_k - 1)/(\alpha_k - 1)$. Mit Hilfe dieser Beziehung läßt sich die Nenndauerfestigkeit (Dauerhaltbarkeit) σ_{nW} eines gekerbten Konstruktionsteils aus der Dauerfestigkeit σ_W des glatten Stabes berechnen, wenn α_k und η_k bekannt sind:

$$\beta_k = (\alpha_k - 1) \cdot \eta_k + 1,$$

$$\sigma_{nW} = \frac{\sigma_W}{\beta_k} = \frac{\sigma_W}{(\alpha_k - 1) \cdot \eta_k + 1}.$$

Die Kerbempfindlichkeitszahl η_k kann dabei je nach der Art des Werkstoffs Werte zwischen 0 und 1 annehmen [1].

Die praktische Anwendung dieser einfachen Beziehung wird allerdings dadurch etwas erschwert, daß η_k nicht vom Werkstoff allein abhängt (vgl. S. 34). Da η_k die Wirkung der Ungleichmäßigkeit der Spannungsverteilung und der Mehrachsigkeit des Spannungszustandes umfaßt, ist es klar, daß die Kerbempfindlichkeitszahl keine reine Werkstoffkonstante sein kann, sondern auch von der Gestalt des Konstruktionsteils und von der Beanspruchungsart abhängig ist. Sie ist z. B. um so geringer, je steiler eine Spannungsspitze abfällt, daher nimmt für einen bestimmten Werkstoff und einen bestimmten Beanspruchungsfall η_k mit wachsendem α_k (wachsender Kerbschärfe) ab [45].

2. Zur Frage der Kerbempfindlichkeit.

In welchem Maße die Gleitbehinderung in Erscheinung tritt, hängt, wie gesagt, von der Art des Werkstoffes ab, die Werkstoffe sind also mehr oder weniger kerbempfindlich. Bei einem austenitischen Cr-Ni-Stahl wird z. B. die Spannungsspitze fast vollkommen an der Auswirkung gehindert, seine Kerbempfindlichkeit ist also nahezu Null. Auch weiche C-Stähle sind nicht sehr kerbempfindlich. Hohe Kerbempfindlichkeit weisen dagegen die hart vergüteten legierten Stähle auf [46]. Denn die zähen Werkstoffe, bei denen zwischen der Streckgrenze und der Reißfestigkeit ein großer Unterschied ist, besitzen die Neigung zum quantenhaften Gleiten in sehr starkem Maße; die hart vergüteten, hochfesten Werkstoffe dagegen, bei denen die Streckgrenze schon durch die Vorbehandlung gehoben ist, zeigen eine wesentlich schwächere Neigung zum quantenhaften Gleiten, die erforderlichen Gleitzonen sind hier erheblich kleiner.

Ausgehend von den Versuchen von R. E. PETERSON über die Kerbempfindlichkeit von Stählen mit verschiedener McQuaid-Ehn-Korngröße (arteigene Korngröße eines Stahles, inherent grain size) hat H. F. MOORE [47] gezeigt, daß sich gewisse Beziehungen zwischen der Kerbempfindlichkeit, der Korngröße und den absoluten Dimensionen des Probestabes finden lassen: Die Versuche von PETERSON, die an kleinen und großen Probestäben mit geometrisch ähnlichen Kerbabmessungen durchgeführt wurden, ergaben, daß bei kleinen Probestäben ein großkörniger Werkstoff eine geringere Kerbempfindlichkeit als ein feinkörniger besitzt. Weiterhin zeigte sich, daß der großkörnige Werkstoff bei den großen Proben mit

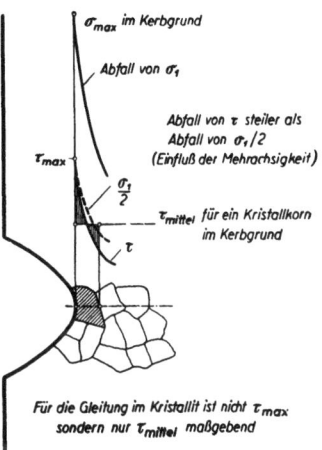

Abb. 18. Einfluß der Korngröße auf die Kerbempfindlichkeit.
(Als „Arbeitshypothese" schematisch dargestellt.)

den großen Kerben die gleiche Kerbempfindlichkeit hat wie der feinkörnige Werkstoff bei den kleinen Proben. Man muß daraus schließen, daß der „Größeneinfluß" nicht von den absoluten Dimensionen allein abhängt, sondern genau genommen von dem Verhältnis der Kerbengröße zur Korngröße.

In Abb. 18 ist schematisch dargestellt, daß man für diese Zusammenhänge zwischen Korngröße und Kerbempfindlichkeit eine anschauliche Vorstellung gewinnen kann, wenn man annimmt, daß für das Gleiten in einem Kristall nicht die höchste Schubspannungsspitze maßgebend ist, sondern ein niedrigerer Wert, der etwa der mittleren Schubspannung in diesem Kristall entspricht.

Zu den Kerben, die hauptsächlich nur die Spannungsverteilung beeinflussen, gehören alle umlaufenden Kerben an Rundstäben, Wellenabsätze, außerdem Querbohrungen in auf Biegung oder auf Zug beanspruchten Wellen. Bei diesen Kerben herrscht an der Kerbstelle im wesentlichen derselbe Beanspruchungsfall wie im glatten Teil, z. B. treten am Querloch im gezogenen Stab wieder Zugspannungen auf, und an der Hohlkehle in einer verdrehbeanspruchten Welle herrscht ein reiner Verdrehspannungszustand. Es gibt aber auch Kerben, durch die der Spannungszustand grundlegend geändert wird, so z. B. die Querbohrung in einer verdrehbeanspruchten Welle. Während nämlich für die glatte verdrehbeanspruchte Welle ein reiner Schubspannungszustand vorliegt ($\tau = \sigma$), sind am Rande der Bohrung nur einachsige Spannungszustände möglich ($\tau_{max} = \frac{1}{2}\sigma_{max}$). (Es tritt hier nur eine Hauptspannung in Richtung des Bohrungsrandes auf, die anderen Hauptspannungen sind gleich Null, weil senkrecht zu dem von äußeren Kräften freien Rand keine Spannungen wirken können.) Bei solchen Kerben ist natürlich die Festigkeit und auch die Bruchausbildung durch den gestörten Spannungszustand bedingt, wie später gezeigt wird.

II. Vergleich der Kerbwirkung bei verschiedenen Beanspruchungsarten.

1. Allgemeine Gesetzmäßigkeiten.

Zu Beginn dieser Arbeit war auf die Frage eingegangen worden, warum überhaupt eine Spannungsspitze entsteht. Im folgenden sollen nun die weiteren Fragen behandelt werden: Welchen Einfluß haben die verschiedenen Beanspruchungsarten, Zug, Biegung und Verdrehung, auf die Spannungsverteilung? In welcher Beziehung stehen bei den einzelnen Beanspruchungsarten die Formziffern zueinander? Kann man bei einem Konstruktionsteil von der Kerbwirkung bei Zug auch auf die Kerbwirkung bei Biegung schließen? In welchen Fällen dürfen Werte für die Formziffer auf ähnlich gestaltete Teile übertragen werden? Wann ist bei der Übertragung von Formziffern auf scheinbar ähnliche Fälle Vorsicht anzuwenden?

Abb. 19 zeigt zunächst einige Werte für die Formziffern und die Spannungsverteilung bei gleicher Kerbform, aber verschiedenartiger Beanspruchung. Die dargestellten Spannungsverteilungskurven und die Werte für die Formziffern wurden aus den NEUBERschen Formeln für die tiefe Hyperbelkerbe berechnet. Die Kerben haben bei dem Flachstab oben und dem Rundstab unten gleiche Abmessungen, der Kerbradius beträgt ein Achtel der geringsten Breite. Sämtliche Kurven sind für gleiche Nennspannungen im Kerbgrund berechnet. Dadurch besteht die Möglichkeit, die Kurven, besonders die Endordinaten, unmittelbar zu vergleichen. So findet man z. B., daß bei einem gezogenen Rundstab die Formziffer geringer ist als bei einem gezogenen Flachstab mit gleicher Kerbform. Während der Flachstab bei Zug im vorliegenden Fall die Formziffer $\alpha_k = 2{,}65$ aufweist, hat der Rundstab nur $\alpha_k = 2{,}23$. Weiterhin zeigt die Abbildung, daß bei einem Rundstab die gleiche Kerbform, die bei Zug eine große Formziffer ergibt, bei Biegung schon weniger gefährlich wirkt und bei Verdrehung nur noch eine geringe Spannungsspitze verursacht. Im vorliegenden Fall hat der Rundstab bei Zug die Kerbziffer $\alpha_k = 2{,}23$, bei Biegung $\alpha_k = 1{,}84$ und bei Verdrehung $\alpha_k = 1{,}44$.

Wenn man die Kurven für die Spannungsverteilung miteinander vergleicht, so erkennt man auch, daß sie beim Flachstab und beim Rundstab, bei Zug und bei Biegung im wesentlichen den gleichen Charakter haben, ihre Krümmung ist etwa gleich stark und auch die Steilheit der Spannungsspitzen ist beinahe in allen diesen Fällen gleich. Es wäre daher falsch, aus dem Unterschied der Formziffern des Flachstabes und des Rundstabes auf eine Verschiedenartigkeit des Beanspruchungsmechanismus zu schließen; der Unterschied ist lediglich eine Folge der Verschiedenartigkeit der mathematischen Beziehungen zwischen Spannungsspitze einerseits und Nennspannung andererseits. Im folgenden wird nachgewiesen, daß dies in gleicher Weise auch für die unterschiedliche Spannungsverteilung bei Zug und bei Biegung gilt, daß sich also auch hier rein auf Grund logischer Überlegungen und anschaulicher Betrachtungen der Unterschied in den Formziffern erklären läßt, ja noch mehr, daß es sogar möglich ist, aus der am Flachstab bei Zug gemessenen Spannungsverteilungskurve ohne weiteres die Spannungsverteilung für den hochkant gebogenen Flachstab zu berechnen.

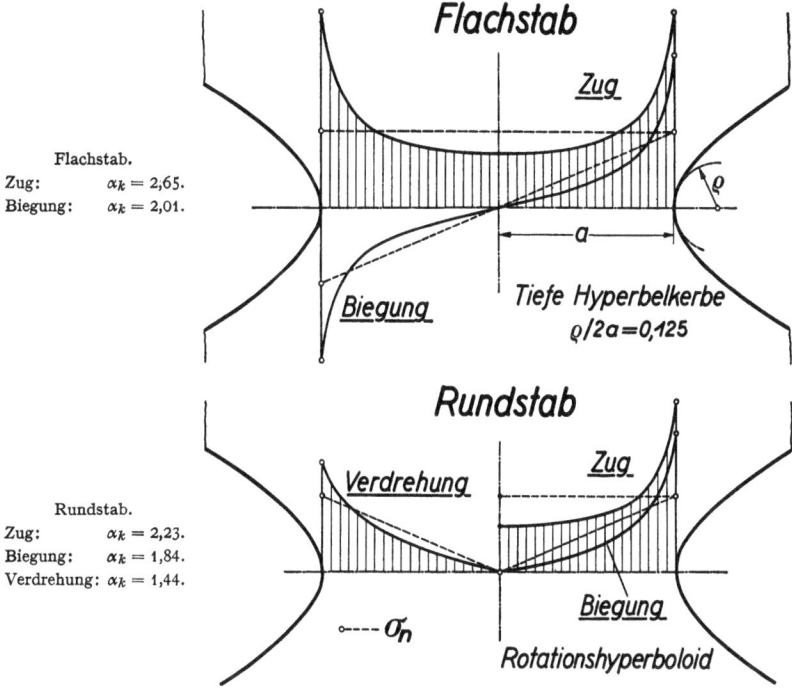

Flachstab.
Zug: $\alpha_k = 2{,}65$.
Biegung: $\alpha_k = 2{,}01$.

Rundstab.
Zug: $\alpha_k = 2{,}23$.
Biegung: $\alpha_k = 1{,}84$.
Verdrehung: $\alpha_k = 1{,}44$.

Abb. 19. Spannungsverteilung und α_k-Werte in Abhängigkeit von der Beanspruchungsart. (Nach Berechnungen von NEUBER.)

Bei Verdrehung genügen diese Überlegungen nicht, um den Unterschied in den Formziffern und in der Spannungsverteilungskurve zu erklären; wie man sieht, weicht die in Abb. 19 dargestellte Spannungsverteilungskurve bei Verdrehung erheblich von den anderen Kurven ab, sie ist nicht so stark gekrümmt und auch der Anstieg zur Spannungsspitze ist wesentlich flacher. Der Unterschied zwischen den Formziffern für Zug und für Verdrehung beruht also nicht nur auf einer Verschiedenartigkeit der Nennspannungsermittlung, sondern auch auf einem grundsätzlich verschiedenen Beanspruchungsmechanismus.

2. Spannungsverteilung und Formziffer bei Flachstab und Rundstab.

Abb. 20 enthält die Spannungsverteilungskurve für den gezogenen Flachstab mit tiefer Hyperbelkerbe (nach den Berechnungen von NEUBER). Würde man in diese Abbildung auch die Spannungsverteilung für den gezogenen Rundstab einzeichnen, und zwar so, daß die Spannungsspitze für den Rundstab gerade mit der Spannungsspitze für den Flachstab zusammenfiele, so würde man finden, daß beide Kurven praktisch nicht voneinander abweichen. Dies ist auch verständlich. Wie Abb. 17 gezeigt hat, kommen bei dem Rundstab zu den Längsspannungen und den radialen Querspannungen, die auch bei einem Flachstab vorhanden sind, noch Querspannungen in Umfangsrichtung, Tangentialspannungen, hinzu. Diese sind aber über den ganzen Querschnitt etwa proportional den Längsspannungen, wie die NEUBERschen Rechnungen lehren, sie beeinflussen daher das Verteilungsgesetz für die Längsspannungen kaum.

24   Spannungszustand und Spannungsverteilung bei gekerbten Bauteilen.

Wie schon erwähnt, kann daher der Unterschied der Formziffer 2,65 für den Flachstab und der Formziffer 2,23 für den Rundstab nicht in einer Verschiedenartigkeit der Spannungsverteilungskurven liegen, denn die Spannungsverteilungen sind ja fast die gleichen. Der Unterschied muß in der Verschiedenartigkeit der Nennspannungsermittlung gesucht werden: Bei dem Flachstab wird die Nennspannung σ_{nF} als mittlere Höhe der unter der Spannungsverteilungskurve liegenden Fläche bestimmt, also durch Integration der jeweiligen Zugspannung σ_z über die Stabbreite von $-a$ bis $+a$:

$$\sigma_{nF} = \frac{1}{2ab}\int_{-a}^{+a} \sigma_z \cdot b \cdot dr.$$

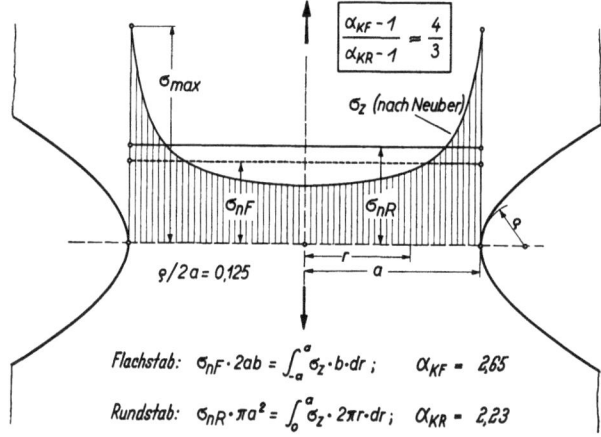

Abb. 20. Vergleich der Formziffern für den gezogenen Flachstab und den gezogenen Rundstab bei gleicher Kerbform.

Bei dem Rundstab ist dagegen zu berücksichtigen, daß die äußeren Spannungsspitzen auf einem Kreisring mit viel größerem Umfang, also auf einer viel größeren Fläche wirken als die niedrigeren Spannungswerte im Innern. Die Gebiete hoher Spannungen am Außenrand fallen daher bei der Mittelwertbildung, oder genau gesagt bei der Integration, stärker ins Gewicht. Hierdurch entsteht ein höherer Wert für das Integral und damit auch für die Nennspannung:

$$\sigma_{nR} = \frac{1}{\pi a^2}\int_{-a}^{+a} \sigma_z \cdot 2\pi r \cdot dr.$$

Die Formel zeigt, daß bei der Integration über den Querschnitt die einzelnen Werte σ_z jeweils noch mit dem Radius r multipliziert werden. Die sich für den Rundstab ergebende Nennspannung σ_{nR} ist als ausgezogene waagerechte Linie eingezeichnet; infolge des stärkeren Einflusses der Gebiete mit hoher Spannung liegt sie höher als die entsprechende Linie für den Flachstab; diese ist gestrichelt eingezeichnet.

Schon KRISCH [48] hat in seiner Dissertation vor einiger Zeit darauf hingewiesen, daß man für den Rundstab und den Flachstab die gleiche Verteilung für die Längsspannungen annehmen darf und daß infolgedessen die Formziffer für den Rundstab kleiner ist als für den Flachstab. KRISCH gibt als Näherungsformel für die Umrechnung der Formziffer vom Flachstab auf den Rundstab die Beziehung an: $(\alpha_{kF} - 1)/(\alpha_{kR} - 1) = 4/3$, eine Beziehung, die von dem praktischen Ingenieur gut als Hilfsmittel für seine Berechnungen verwendet werden kann.

Diese KRISCHsche Beziehung ist nur eine Faustformel; dem Verhältnis 4/3 liegt keine physikalische Bedeutung zugrunde. Es ist von KRISCH auf Grund der NEUBERschen Berechnungen für die ∞ tiefe Hyperbelkerbe ermittelt worden. Trägt man nämlich die von NEUBER für die tiefe Hyperbelkerbe berechneten α_{kR}-Werte in Abhängigkeit von α_{kF} auf, so erhält man eine Kurve, die sich mit großer Annäherung durch die Gerade $\alpha_{kR} = 0{,}75 \cdot \alpha_{kF} + 0{,}25$ wiedergeben läßt.

Ob einer Formel eine physikalische Bedeutung zukommt, erkennt man oft daran, daß man ihre Gültigkeit für die Grenzwerte untersucht. Die vorliegende Formel von KRISCH ist für den Grenzfall einer sehr kleinen Kerbe in einem sehr dicken Stab nicht mehr gültig, denn für $D/\varrho \to \infty$ wird $\alpha_{kR} \approx \alpha_{kF}$. Die KRISCHsche Formel gilt also nur für tiefe Kerben, bei denen sich der Einfluß der Kerbe ziemlich über die ganze Stabbreite erstreckt.

3. Verfahren zur Berechnung der Biegespannungsverteilung aus der Zugspannungsverteilung.

In Abb. 21 ist der gleiche Flachstab bei Zugbeanspruchung und bei Biegebeanspruchung untersucht: Die stark ausgezogene Kurve links gibt die Spannungsverteilung bei Zug wieder, die stark ausgezogene Kurve rechts die Spannungsverteilung bei Biegung. Beide Spannungsverteilungskurven sind so gezeichnet, daß die Spannungsspitze die gleiche Höhe hat.

Bei einem glatten Flachstab beruht der Unterschied in den Spannungsverteilungskurven für Zug und Biegung darin, daß bei Biegung die Dehnungen nach der neutralen Faser hin linear abnehmen, infolgedessen auch die Spannungen. Die Spannung in der halben Entfernung von der Nullinie ist also nur halb so

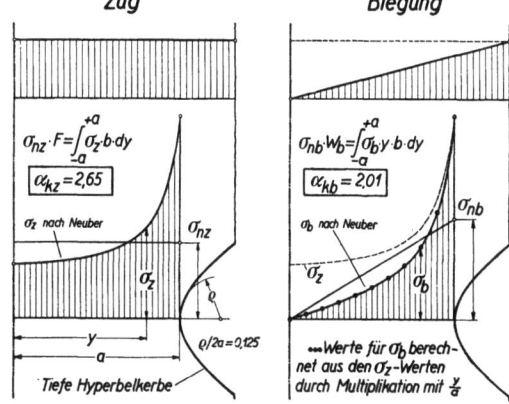

Abb. 21. Vergleich der Spannungsverteilung und der α_k-Werte für den gekerbten Flachstab bei Zug und bei Biegung.

groß wie die entsprechende Spannung bei Zug, die Biegespannung in einer Entfernung von $1/10$ des Randabstandes beträgt nur $1/10$ der entsprechenden Zugspannung. Die gleiche Reduktion der Spannungen führen wir nun auch bei dem vorliegenden gekerbten Stab durch. Die gestrichelte Kurve im rechten Bild gibt noch einmal die Spannungsverteilung bei Zug wieder. Holen wir die Punkte entsprechend ihrem Abstandsverhältnis y/a herunter, oder besser gesagt, multiplizieren wir die einzelnen Werte dieser Kurve für σ_z mit dem Abstandsverhältnis y/a, so erhalten wir die doppelt eingekreisten Punkte, die genau auf die von NEUBER berechnete Spannungsverteilungskurve für Biegung fallen. Wenn wir also die Zugkurve entsprechend dem Abstandsverhältnis von der neutralen Faser vermindern, so daß sie in den Nullpunkt einmündet, so erhalten wir die Biegekurve, $\sigma_b = \sigma_z \cdot y/a$.

Für die so konstruierte Kurve der Biegespannungsverteilung gilt eine andere, und zwar eine etwas höhere Nennspannung als für die ursprüngliche Zugspannungskurve. Die Ermittlung der Biegenennspannung geschieht durch Integration entsprechend der Formel:

$$M_b = \sigma_{nb} \cdot W_b = \int_{-a}^{+a} \sigma_b \cdot y \cdot b \cdot dy \qquad (b = \text{Stabdicke}).$$

Bei dieser Integration fallen die äußeren hochbeanspruchten Fasern stärker ins Gewicht, da sie an einem größeren Hebelarm wirken und daher ein größeres Moment zur Folge haben (in dem Integral kommt dies dadurch zum Ausdruck, daß die einzelnen Werte für die Spannungen σ_b noch mit ihrem Hebelarm y multipliziert werden). Die Höhe der Nennspannung hängt also hauptsächlich von der Höhe der Spannung in den Außengebieten ab. Dadurch rücken Nennspannung und Spannungsspitze bei Biegung näher zusammen als bei Zug.

Für die vorliegenden Kurven, die so gezeichnet sind, daß ihre Spitzenwerte gleich hoch liegen, ermittelt man somit bei Biegung eine höhere

Nennspannung σ_{nb}. Aus diesem Grunde sinkt α_k von 2,65 bei Zug auf 2,01 bei Biegung.

Das angegebene Verfahren für die Umrechnung einer Zugspannungsverteilung in eine Biegespannungsverteilung stimmt in dem eben behandelten Fall sogar mit mathematischer Exaktheit. Dies läßt sich leicht aus den NEUBERschen Gleichungen für den Flachstab mit tiefer Hyperbelkerbe nachweisen.

Ein Vergleich mit spannungsoptischen Messungen von FROCHT, WAHL und BEEUWKES und anderen [49, 50, 51] konnte den Beweis erbringen, daß sich dieses Umrechnungsverfahren auch für beliebige andere Kerbformen mit sehr guter Annäherung verwenden läßt.

Es liegt zunächst die Vermutung nahe, daß das Umrechnungsverfahren auch für beliebige Kerbformen strenge Gültigkeit besitzt (die Beziehungen für die sehr tiefe Kerbe und die sehr flache Kerbe widersprechen z. B. dieser Vermutung nicht), und daß sich seine Allgemeingültigkeit durch Transformation der elastischen Grundgleichungen des ebenen Spannungszustandes beweisen läßt. Es gelang jedoch nicht, einen solchen Beweis zu erbringen. Die Verfasser glauben auch, daß dieses Verfahren nur in einigen Fällen streng richtig ist, im allgemeinen aber nur mit großer Annäherung zutrifft.

Selbst in den Fällen, in denen bei Zug nur Werte für die Formziffer α_{kz}, aber keine genauen Werte für die Spannungsverteilungskurve vorliegen, läßt sich mit Hilfe dieses Umrechnungsverfahrens die entsprechende Formziffer für Biegung α_{kb} angenähert bestimmen. Man muß zu diesem Zweck nur unter Beachtung der Gleichgewichtsbedingungen am Zugstab eine einigermaßen richtige Spannungsverteilungskurve annehmen (die angenommene Kurve muß durch den Wert $\sigma_{max} = \alpha_{kz} \cdot \sigma_{nz}$ gehen und den Mittelwert σ_{nz} liefern). Diese Kurve rechnet man wieder im Verhältnis y/a um und bestimmt dann σ_{nb} durch die oben angegebene Integrationsformel. Da ein Integrationsverfahren immer eine gewisse Glättung einer Kurve, einen Ausgleich von Unregelmäßigkeiten, mit sich bringt, fallen kleine Fehler, die man bei der Annahme der Zugspannungskurve macht, für den Wert von σ_{nb} nicht sehr stark ins Gewicht.

III. Abhängigkeit der Formziffer von der Kerbgestalt.

1. Verformungsverhältnisse bei Außenkerben und Innenkerben (Querbohrung).

Bei der Übertragung von Formziffern auf ähnliche Belastungsfälle oder ähnliche Kerbformen ist manchmal eine gewisse Vorsicht geboten. In den bisher betrachteten Beispielen war es ohne weiteres möglich, auf Grund der Ähnlichkeit von einem bekannten Fall auf einen anderen, noch unbekannten, zu schließen. Es gibt aber auch Fälle, bei denen nur scheinbar eine Ähnlichkeit vorliegt, bei denen zwar die Art der Belastung und auch die äußere Berandungsform eine gewisse Ähnlichkeit aufweist, aber die Verformungsmöglichkeit beider Teile durchaus verschieden ist. So ist es z. B. möglich, daß bei Zug sich das Werkstück zwanglos verformen kann, während bei Biegung das Verformen behindert ist. Da in jedem Fall die auftretende Spannungsverteilung eine Folge der gegebenen Formänderungsverhältnisse ist, kann es leicht vorkommen, daß in Fällen, die man ohne Bedenken als gleichgelagert ansehen würde, durchaus verschiedene Formen der Spannungsverteilung gelten. In den folgenden Abbildungen sind einige Beispiele hierfür herausgegriffen[1].

Abb. 22 zeigt die Ergebnisse von amerikanischen spannungsoptischen Messungen [49, 50] an gekerbten Zugstäben: für den Flachstab mit Querloch, den

---

[1] Mit der Darstellung dieser Beispiele wird gleichzeitig der Zweck verfolgt, Anwendungsbeispiele für die im Anfang geschilderten Gummimodelle zu geben.

Stab mit Halbkreiskerben und den abgesetzten Stab mit Hohlkehlenübergang ist die Formziffer α_k in Abhängigkeit von ϱ/b aufgetragen (ϱ = Lochradius bzw. Abrundungsradius, b = Stabbreite im engsten Querschnitt). Wir sind im allgemeinen gewohnt, daß sich für sehr große Ausrundungsradien die Formziffer dem Wert 1 nähert. Sobald nämlich der Ausrundungsradius von etwa gleicher Größenordnung wie die Stabbreite wird, ragen die Spannungsspitzen kaum über die Nennspannung hinaus (vgl. Abb. 26). Der Einfluß der Kerbe erstreckt sich dann über den ganzen Querschnitt. Der schmale, zwischen den Kerben übrigbleibende Steg erfährt keinerlei Abstützung durch benachbarte, weniger hoch beanspruchte Teile. Man spricht daher in diesem Fall von Lappenwirkung. Bei dem Stab mit Halbkreiskerben tritt diese Wirkung tatsächlich ein, α_k strebt mit wachsendem ϱ dem Grenzwert 1 zu. Da man sich nun den Stab mit Querloch aus zwei aneinandergesetzten Stäben mit Halbkreiskerben aufgebaut denken kann, ist man leicht geneigt anzunehmen, daß die Formziffern für Querloch und Halbkreiskerben bei gleichem ϱ einander gleich wären. Dies ist jedoch nicht der Fall. Bei größeren Verhältnissen ϱ/b ist ein deutlicher Unterschied zwischen der Formziffer für das Querloch und der für die Halbkreiskerben zu sehen. Die Formziffer für das Querloch ist hier wesentlich größer. Für große Werte ϱ/b strebt die Kurve für die Formziffer des Querlochs nicht dem Grenzwert 1 zu, sondern einem höheren Grenzwert, der zwischen 2 und 1,9 zu liegen scheint. Wenn man die α_k-Werte nicht über ϱ/b,

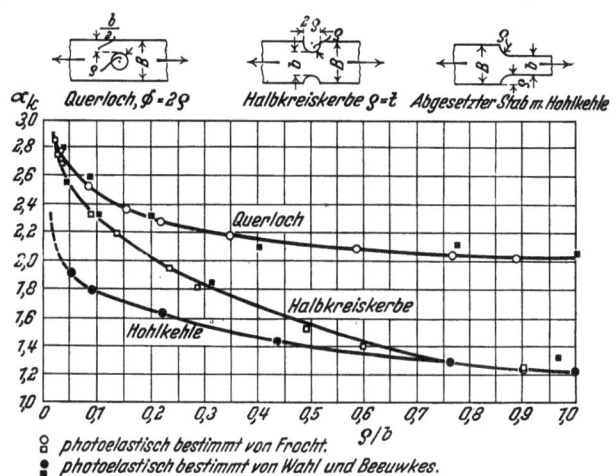

Abb. 22. Formziffer α_k für Querloch, Halbkreiskerben und Hohlkehlen im gezogenen Flachstab.
(Nach M. M. FROCHT [49] und A. M. WAHL und R. BEEUWKES [50].)

sondern über dem Kehrwert b/ϱ aufträgt, so erkennt man deutlich, daß die eine Kurve von dem Grenzwert $\alpha_k = 1$ ausgeht, die andere Kurve von einem Grenzwert nahe bei 2[1].

Der Grund für diesen Unterschied liegt in der verschiedenen Verformungsmöglichkeit der beiden Kerbstäbe. Eine Erklärung läßt sich daher am einfachsten an Hand von Gummimodellen geben, Abb. 23. Bei der Belastung des Stabes mit der großen Querbohrung werden die beiden seitlich übrigbleibenden Stege nach innen gebogen. Vom Querschnitt dieser Stege aus betrachtet, greift nämlich der Kraftfluß außermittig an, er übt also ein Biegemoment auf die Stege aus. Man erkennt die Biegebeanspruchung aus dem aufgezeichneten Koordinatennetz. Schneiden wir den Stab in der Mitte auseinander und fügen die Hälften umgekehrt wieder zusammen, so haben wir, wie schon erwähnt, den Zugstab mit Halbkreiskerben. Hier ist die Kerbwirkung nur sehr gering. Der Kraftfluß übt kein Biegemoment auf den mittleren Steg aus, da die Teile des Steges in der Querrichtung durch die Querspannungen zusammengehalten werden. Hebt man

---

[1] M. M. FROCHT [52] hat photoelastisch den Wert 1,99 für ein Loch mit d/B nahe 1 gemessen (vgl. auch [53, 54]).

diese Querspannungen auf, indem man den Stab längs schlitzt, so treten in den zwei Steghälften wieder erhebliche zusätzliche Biegespannungen auf, die sogar noch etwas größer sind als beim Stab mit Querbohrung; denn bei dem Zugstab

 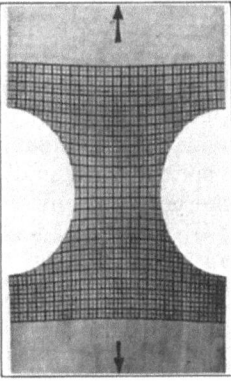 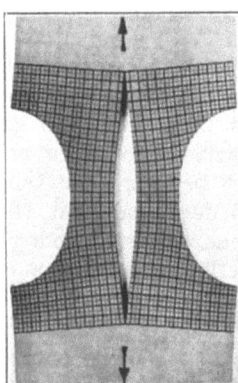

Abb 23. Gummimodelle für den gezogenen Flachstab mit Querloch, Halbkreiskerben und Halbkreiskerben mit Längsschlitz.

mit Querloch treten immerhin am oberen und am unteren Rand des Loches Druckspannungen auf, die das Einbiegen der Stege etwas behindern. Die Druckspannungen kann man aus der Zusammendrängung des Liniennetzes oben und unten am Querloch erkennen. Bei einem Querloch in einem sehr breiten Zugstab hat diese Druckspannung gerade die gleiche Größe wie die Zugspannung im ungestörten Gebiet, $\sigma_d = -\sigma_{nz}$.

Die Größe der Biegespannungen ist am besten in Abb. 24 (links) zu sehen, in der die Ergebnisse von Feindehnungsmessungen von O. Svenson dargestellt sind (vgl. auch die spannungsoptischen Messungen von A. Hennig [55]). Man

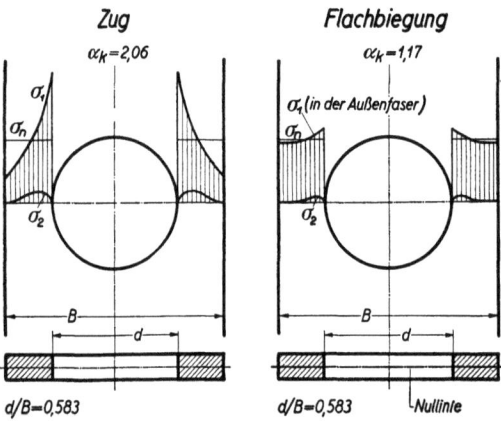

Abb. 24. Vergleich der Spannungsverteilung am gelochten Stab bei Zug und bei Flachbiegung. (Feindehnungsmessungen von O. Svenson.)

sieht, daß besonders für eine verhältnismäßig große Bohrung die Spannungsverteilungskurve nicht nur eine Krümmung, sondern eine ausgesprochene Schräglage hat, wie sie für die Überlagerung von Zug- und Biegebeanspruchung kennzeichnend ist.

Die Betrachtung der Gummimodelle in Abb. 23 ließ erkennen, daß sich die Spannungsverteilung beim Stab mit Halbkreiskerben durch Anbringen des mittleren Schlitzes der Spannungsverteilung im quergebohrten Stab angleichen läßt. Umgekehrt wird die Spannungsverteilung im Stab mit Querloch der Spannungsverteilung im Stab mit Halbkreiskerben ähnlich, wenn man das Einbiegen der seitlichen Stege durch einen Bolzen im Querloch verhindert: Durch den Bolzen im Querloch wird also die Spannungsspitze am Bohrungsrand gemildert. Als Beweis hierfür können die Untersuchungen von K. Matthaes und J. Müller über die statische Kerbwirkung von Bohrungen in dünnen Blechen und über die Festigkeitsminderung bei Nietverbindungen [56] herangezogen werden: Bei diesen Untersuchungen wurde zunächst festgestellt, daß verhältnismäßig große Bohrungen in Elektron-AZM-Blechen eine um etwa 10 bis 13% geringere Festigkeit des Bleches ergaben als entsprechende Halbkreisaußenkerben (1 mm Blech, $d = 3$ mm Bohrungsdurchmesser, $d/B = 0.4 \ldots 0.5$,

B = Probenbreite). Weiterhin zeigte sich, daß beim Einziehen von Blindnieten in die Bohrungen des Bleches die Bruchfestigkeit um etwa 5% bei $d/B = 0{,}1$ und um etwa 12% bei $d/B = 0{,}4$ anstieg. Als Grund für diese festigkeitssteigernde Wirkung der Blindnieten wird schon in der erwähnten Arbeit angeführt, daß sich das Nietloch am Rand nicht frei verformen kann. (Unter „Blindnieten" sind hier Nieten zu verstehen, die in das einfache Blech eingeschlagen sind und keine äußeren Kräfte zu übertragen haben.)

2. Wirkung der Verformungsbehinderung bei Flachbiegung.

Wenn man sich beim Stab mit Querbohrung diese Formänderungen, dieses Einbiegen nach innen vergegenwärtigt, so erscheint es selbstverständlich, daß der quergebohrte Stab bei Flachbiegung (Biegung um die Achse mit dem kleineren Widerstandsmoment) eine wesentlich geringere Spannungsspitze aufweist als bei Zug. Denn bei Flachbiegung haben einerseits die auf Zug beanspruchten Fasern die Neigung, sich einwärts zu biegen, andererseits wollen die mittleren spannungslosen Fasern ihre Lage beibehalten, und die auf Druck beanspruchten Fasern wollen sogar nach außen ausknicken. Dies zeigt sehr anschaulich Abb. 25 (Mitte), die einen in einzelne Schichten aufgeteilten Stab bei Flachbiegung darstellt.

 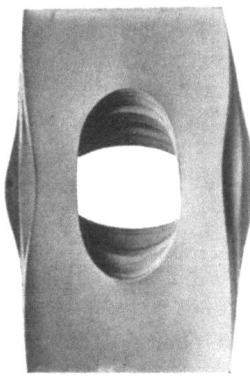 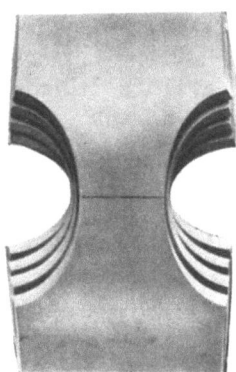

a) Stab mit Querloch unbeansprucht.   b) Stab mit Querloch bei Flachbiegung.   c) Stab mit Halbkreiskerben bei Flachbiegung.

Abb. 25. Gummimodelle mit Querloch und mit Halbkreiskerben, in Schichten aufgeteilt, bei Flachbiegung.

Ist der Stab nicht in einzelne Schichten aufgeteilt, so behindern sich diese verschieden gerichteten Formänderungen gegenseitig, es tritt sozusagen eine Stützwirkung auf. Ein Einbiegen oder Ausbiegen der Stege in der Ebene des Flachstabes kommt daher nicht zur Auswirkung. Es bleibt nur eine geringe Kerbwirkung übrig, lediglich bedingt durch die Kraftflußzusammendrängung am Lochrand, Abb. 24[1]. Bei dem in Abb. 24 wiedergegebenen Beispiel sinkt α_k von 2,06 bei Zug auf 1,17 bei Flachbiegung, die Spannungsspitze beträgt also nur noch den sechsten Teil; außerdem ist deutlich zu sehen, daß die Spannungsverteilungskurve in Abb. 24 rechts nicht mehr die Schräglage aufweist, die von dem Einbiegen der Stege herrührt. Der Unterschied zwischen der Spannungsverteilungskurve und der Formziffer bei Zug- und bei Flachbiegung ist um so größer, je dünner das Blech ist und je größer die Querbohrung im Verhältnis zur Blechbreite, weil dann die Formänderungsbehinderung stärker wird.

Der quergebohrte Stab zeigt den Unterschied zwischen Zug und Flachbiegung am auffälligsten. Die gegenseitige Verformungsbehinderung ist hier nämlich sehr groß, weil die seitlichen Stege nicht nur ihre Breite ändern (auf der Zugseite will

---

[1] Auf die unterschiedliche Formziffer bei Zug und bei Flachbiegung wurde durch bisher unveröffentlichte Feindehnungsmessungen von O. SVENSON [6, 57] hingewiesen. Diesen Meßergebnissen ist das Beispiel in Abb. 24 entnommen.

30 Spannungszustand und Spannungsverteilung bei gekerbten Bauteilen.

der Steg schmäler werden, auf der Druckseite breiter), sondern auch Verschiebungen in der Querrichtung ausführen wollen. Bei dem entsprechenden Stab mit Außenkerben (Halbkreiskerben) ist der Unterschied zwischen Zug und Flachbiegung bei weitem nicht mehr so groß. Der mittlere Steg behält jetzt aus Symmetriegründen seine Lage bei; die einzigen Verformungen, die sich gegenseitig noch etwas behindern können, sind die geringe Querzusammenziehung der gezogenen Fasern und die geringe Querausdehnung der gedrückten Fasern des Steges, Abb. 25 rechts. (Bei einem geraden glatten und nicht zu breiten Stab besteht kein Unterschied zwischen Zug und Flachbiegung; die Querzusammenziehung der Zugseite und die Querausdehnung der Druckseite werden durch eine geringfügige Verwölbung des Stabes zwanglos ermöglicht; Zusatzspannungen treten daher bei Flachbiegung nicht auf, so lange die Verformungen klein bleiben.)

3. Graphisches Verfahren zur Ermittlung des Kerbtiefeneinflusses (anschauliche Erklärung der „Lappenwirkung").

Bei der Besprechung der in Abb. 22 dargestellten spannungsoptischen Meßergebnisse war die Rede davon, daß bei einem gezogenen Flachstab mit Halbkreiskerben die Formziffer α_k mit wachsendem ϱ/b abnimmt (ϱ = Kerbradius, b = Stabbreite im engsten Querschnitt). Die Formziffer, die für $\varrho/b \to 0$, d. h. für sehr kleine Halbkreiskerben in einem sehr breiten Stab den Wert $\alpha_k = 3$ hat, fällt ab bis zum Wert $\alpha_k = 1$ für $\varrho/b \to \infty$ (Lappenwirkung). In Abb. 26 ist dargestellt, wie dieser Abfall begründet werden kann, wodurch insbesondere die Lappenwirkung zustande kommt, und wie man aus dem Wert $\alpha_k = 3$ und der

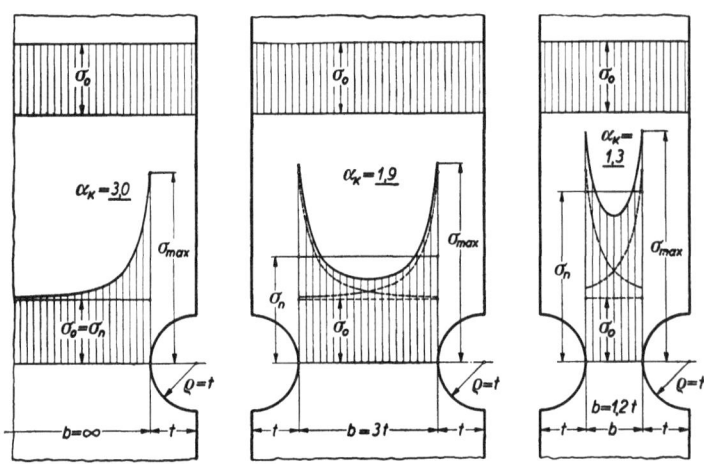

Abb. 26. Spannungsverteilung im gezogenen Flachstab mit Halbkreiskerben.
(Ermittlung aus der Verteilungskurve für den ∞-breiten Stab.)

Spannungsverteilungskurve für den unendlich breiten Stab mit Halbkreiskerben auf graphischem Wege die Spannungsverteilung und die α_k-Werte für beliebige Verhältnisse ϱ/b ermitteln kann.

Während der Konstrukteur bei der Bemessung eines Konstruktionsteiles gewohnt ist, von der Nennspannung auszugehen, muß man hier bei derartigen Untersuchungen zur Erklärung des Kerbeinflusses von der Spannung im ungestörten Gebiet ausgehen. Daher ist bei allen in Abb. 26 dargestellten Stäben die Spannung im ungestörten Gebiet gleich hoch gewählt worden.

Bei dem unendlich breiten Stab sind die Nennspannung σ_n und die Spannung σ_0 im ungestörten Gebiet gleich groß. $\sigma_{\max}$ gleicht etwa dem 3fachen der Spannung im ungestörten Gebiet, also auch dem 3fachen der Nennspannung. Diese Spannungsspitze σ_{max} kommt dadurch zustande, daß ein gewisser Teil des Kraftflusses durch die Kerbe weggedrückt wird und von dem Kerbquerschnitt zusätzlich aufgenommen werden muß. Die Fläche der Spannungsverteilungskurve, die über σ_0 liegt, entspricht daher genau diesem Kraftflußanteil $\sigma_0 \cdot t$ bzw., wenn man beide Seiten des Stabes betrachtet, $2\sigma_0 \cdot t$ (t = Kerbtiefe, $\varrho = t$).

Bei einem weniger breiten Stab mit beispielsweise $b = 20\,t$ ist die Nennspannung schon um 10% größer als die Spannung im ungestörten Gebiet, denn $\sigma_n \cdot b = \sigma_0 \cdot b + 2 \cdot \sigma_0 \cdot t$, $\sigma_n = 1{,}1\,\sigma_0$. Der Stab ist aber immer noch so breit, daß die Störungen der gleichmäßigen Spannungsverteilung, die von den Kerben auf beiden Seiten ausgehen, sich noch nicht gegenseitig beeinflußen; die entstehenden Spannungserhöhungen sind bis zur Mitte hin schon praktisch abgeklungen. Daher hat sich gegenüber dem unendlich breiten Stab nichts an der Spannungsverteilungskurve geändert. Dennoch hat der Stab jetzt ein geringeres α_k; die Spannungsspitze beträgt nämlich das 3fache der Spannung im ungestörten Gebiet, also nur das 2,7fache der Nennspannung, d. h. $\alpha_k = 2{,}7$.

Das Abfallen der Formziffer α_k mit zunehmendem ϱ/b ist also zunächst nur eine Wirkung der erhöhten Nennspannung und nicht etwa auf eine Veränderung in der Spannungsverteilungskurve zurückzuführen. Erst bei noch weiter abnehmender Stabbreite, z. B. bei $b = 3\,t$ ($\varrho/b = 1/3$), überlagern sich die Einflüsse der auf beiden Seiten befindlichen Kerben. Die dabei entstehende Spannungsverteilungskurve kann durch punktweise Addition der Spannungsordinaten oberhalb σ_0 konstruiert werden. Bei größeren Verhältnissen ϱ/b ist hierbei allerdings zu berücksichtigen, daß die von der einen Seite ausgehende Spannungsüberhöhung am anderen Ende des Querschnitts noch nicht vollständig abgeklungen ist. Es ist daher noch nicht der gesamte Kraftflußanteil $\sigma_0 \cdot t$, der um die Kerbe herumgelenkt werden muß, von der nach obigem Verfahren konstruierten Überlagerungskurve aufgenommen worden. Der fehlende Anteil, der mit $\delta(\sigma_0 \cdot t)$ bezeichnet sei, ist leicht durch Planimetrieren zu finden. Da nun auf beiden Seiten Stücke von der ursprünglichen Spannungsverteilungskurve abgeschnitten werden, ist die Überlagerungskurve noch um den Betrag $2 \cdot \delta(\sigma_0 \cdot t)$ zu erhöhen; dieser kann in erster Annäherung gleichmäßig über den Kerbquerschnitt verteilt werden. Wie aus dem mittleren Bild in Abb. 26 zu sehen ist, liegt die so bestimmte Spannungsspitze etwas höher als die ursprüngliche. Trotzdem ergibt sich eine erheblich kleinere Formziffer, weil σ_n in weit stärkerem Maße gestiegen ist als σ_{max}.

Bei noch schmäleren Stäben, z. B. $b = 1{,}2\,t$ (Abb. 26, rechts), hat die Nennspannung schon fast die Höhe der Spannungsspitze erreicht. α_k ist hier nur noch sehr gering; der Einfluß der Kerbe erstreckt sich über den ganzen Querschnitt, die Teile in der Stabmitte sind fast ebenso hoch beansprucht wie die Teile im Kerbgrund.

Bei der Halbkreiskerbe kann man also auf zeichnerischem Wege den gesamten Verlauf der Kurve für α_k in Abhängigkeit von ϱ/b ermitteln, sobald man für den Grenzfall die Spannungsverteilung kennt. Ein Vergleich mit spannungsoptischen Messungen (Abb. 22) zeigt, daß man auf diese Weise mit außerordentlich guter Annäherung an die tatsächlichen Beanspruchungsverhältnisse für Stäbe beliebiger Breite herankommen kann.

4. Welle mit Querbohrung bei Verdrehbeanspruchung.

Die Querbohrung in einer verdrehbeanspruchten Welle beansprucht im Rahmen dieser Betrachtungen besondere Aufmerksamkeit, weil sie ein augenfälliges Beispiel dafür ist, daß man nicht immer aus der Höhe der Formziffer

32 Spannungszustand und Spannungsverteilung bei gekerbten Bauteilen.

unmittelbar auf die Höhe der praktisch in Erscheinung tretenden Kerbwirkung, d. h. auf die Bruchgefahr, schließen darf. In den Fällen nämlich, in denen die Kerbe nicht nur eine Änderung der Spannungsverteilung, sondern auch eine grundlegende Änderung des Spannungszustandes bewirkt, ergeben sich zwischen der in der üblichen Weise berechneten Formziffer α_k und der Kerbwirkungszahl β_k oft bedeutende Unterschiede, die sich nicht mehr ausschließlich auf die mehr oder weniger große Kerbempfindlichkeit des Werkstoffes zurückführen lassen.

An der Kante einer Querbohrung kann sich, unabhängig von der Belastungsart, immer nur ein einachsiger Spannungszustand ausbilden; es tritt nur eine Hauptspannung tangential am Lochrand auf, die andere Hauptspannung ist Null, weil senkrecht zum Lochrand keine Spannungen wirken können. Bei einer Querbohrung in einer verdrehbeanspruchten Welle treten an den äußersten Punkten längs und quer überhaupt keine Spannungen mehr auf, weder Zugspannungen noch Schubspannungen, Abb. 27. Die Schubspannungen, die im glatten Wellenteil die Größe τ_n haben, steigen in der Nähe des Loches zunächst ein wenig an, um dann am Lochrand auf Null abzufallen. Die größten Spannungen am Querloch treten an den Endpunkten der unter 45° zur Stabachse liegenden Durchmesser auf; an zwei gegenüberliegenden Punkten sind es einachsige Zugspannungen, an den zwei anderen Punkten einachsige Druckspannungen. Diese größten Normalspannungen betragen das Vierfache der Nennspannung in der glatten Welle, $\sigma_{max} = 4 \cdot \tau_n$. Hierauf wurde zuerst von L. FÖPPL hingewiesen [58].

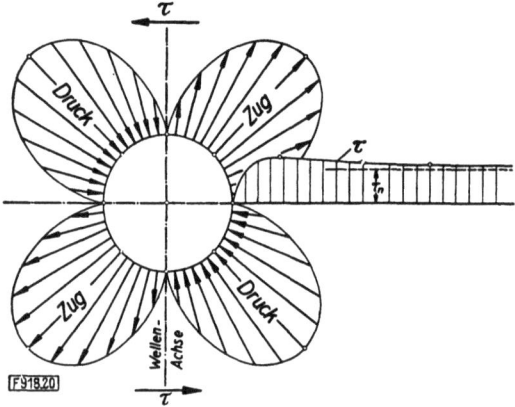

Abb. 27. Spannungsverteilung an einer Querbohrung in einer verdrehbeanspruchten Welle ($d \ll D$)

$$\sigma_{max} = 4 \cdot \tau_n$$

τ_n = Nennspannung = M_d/W_d. (Die Tangentialspannungen am Lochrand sind durch um 90° gedrehte Vektoren dargestellt.)

Die Verteilung der Tangentialspannungen am Lochrand läßt sich ohne weiteres aus der bekannten Spannungsverteilung für den Zugstab mit Querbohrung ableiten. Man bedient sich dabei der Tatsache, daß sich die Verdrehbeanspruchung durch Überlagerung einer einachsigen Zugbeanspruchung unter 45° zur Achse ($\sigma_1 = \tau_n$) und einer rechtwinklig dazu gerichteten einachsigen Druckspannung ($\sigma_2 = -\tau_n$) ersetzen läßt, Abb. 28.

Durch eine kleine Querbohrung in einer verdrehbeanspruchten Welle wird also eine Spannungsspitze vom vierfachen Betrag der Nennspannung hervorgerufen; wir würden also in der üblichen Ausdrucksweise sagen: $\alpha_k = 4$. Der Einfluß einer Querbohrung auf die Dauerfestigkeit ist aber weit geringer, als dieser Formziffer $\alpha_k = 4$ entsprechen würde. Im Grunde genommen ist für die Minderung der Verdrehdauerhaltbarkeit bei zähen Werkstoffen nicht eine Formziffer $\alpha_{k\sigma} = 4$, sondern nur eine Formziffer $\alpha_{k\tau} = 2$ maßgebend. Bei einem zähen Werkstoff ist nämlich die Bruchgefahr bei Dauerwechselbeanspruchung in erster Linie durch die Größe der Schubspannungen bedingt, denn von dieser hängt die Größe der auftretenden Gleitungen und damit auch die Werkstoffzerrüttung ab. Im glatten Wellenteil herrscht nun ein reiner Verdrehspannungszustand, bei dem $\tau_n = \sigma_n$ ist. Am Lochrand dagegen ist der Spannungszustand einachsig, infolgedessen ist hier $\tau_{max} = \frac{1}{2}\sigma_{max}$. Aus der Beziehung $\sigma_{max} = 4 \cdot \tau_n$ folgt also $\tau_{max} = 2 \cdot \tau_n$.

Aus dieser Überlegung folgt, daß durch eine Querbohrung die Verdrehdauerhaltbarkeit eines zähen verformungsfähigen Werkstoffes um weniger als 50% herabgesetzt wird, d. h. für die Querbohrung ist immer $\beta_k < 2$; dies wird durch die Ergebnisse von Dauerverdrehversuchen an quergebohrten Wellen bestätigt [59].

Auf Grund dieser Betrachtungen lassen sich auch die Versuchsergebnisse erklären, die R. GLOCKER [60] bei Röntgenrückstrahlaufnahmen an quergebohrten Wellen ($d/D = 0,5$) erhalten hat. Die röntgenographische Spannungsbestimmung ergab für eine etwa in Höhe der Dauerhaltbarkeit belastete Welle am Rand der

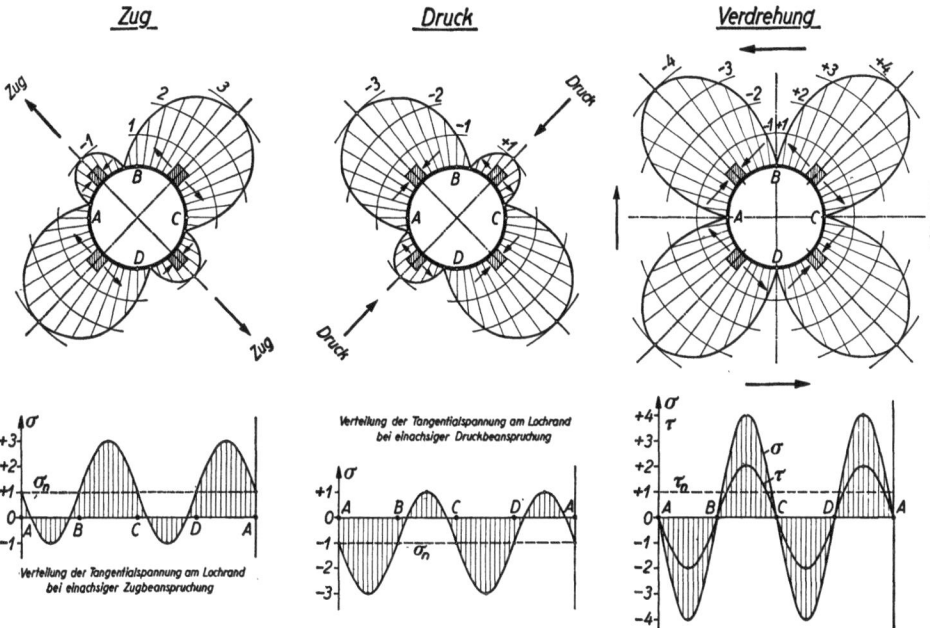

Abb. 28. Spannungsverteilung an einer Querbohrung bei Zug, Druck und Verdrehung. Ermittlung der Spannungsverteilung bei Verdrehung nach dem Überlagerungsverfahren ($d \ll D$).

Querbohrung eine Spannungsspitze $\sigma_{max} = \infty\, 25$ kg/mm², die scheinbar die Verdrehdauerfestigkeit $\tau_n = 14,0$ kg/mm² der glatten Welle erheblich übersteigt. Wenn man aber bedenkt, daß dieser Spannungsspitze $\sigma_{max} = \infty\, 25$ kg/mm² eine Schubspannungsspitze $\tau_{max} = \infty\, 12,5$ kg/mm² entspricht, und daß die Dauerfestigkeit im wesentlichen von der Schubspannung abhängt, so findet man, daß die Beanspruchung am Querloch nicht höher ist als die von der glatten Welle ertragene Beanspruchung.

IV. Gestaltfestigkeitsversuche oder rechnerische Ermittlung der Gestaltfestigkeit?

Dem Konstrukteur, der nach den neuen Lehren der Gestaltung arbeiten will, bieten sich zwei Möglichkeiten, die Gestaltfestigkeit eines Konstruktionsteiles zu ermitteln bzw. abzuschätzen. Der erste Weg besteht darin, an den Formelementen, deren Dauerhaltbarkeit zu bestimmen ist, Dauerversuche unter den natürlichen Betriebsbedingungen durchzuführen. Solche Untersuchungen sind wegen versuchstechnischer Schwierigkeiten nicht immer leicht, außerdem zeitraubend und kostspielig; ihre Durchführung scheitert daher häufig an der Kostenfrage. Immerhin ist dies zweifelsohne der beste und nächstliegende Weg zur Erzielung betriebssicherer Konstruktionen. Die größeren Forschungsanstalten und zum Teil auch die Forschungslaboratorien der Industrie gehen deshalb mehr und mehr dazu über, Versuchsanlagen zur Prüfung von Formelementen in natürlicher Größe zu bauen [61 ... 65].

Da sich aber auf diesem Wege nicht für alle Konstruktionsteile Dauerhaltbarkeitswerte ermitteln lassen, zum mindesten nicht in absehbarer Zeit, wird man meist doch den anderen Weg einschlagen und die Dauerhaltbarkeitswerte eines gekerbten Teiles aus der Dauerfestigkeit eines glatten Stabes mit Hilfe der Kerbwirkungszahl β_k bzw. der Formziffer α_k und der Kerbempfindlichkeit η_k berechnen [1, 2, 5, 66 ... 71].

Vom Standpunkt des Forschungsingenieurs aus betrachtet, verdient dieser zweite Weg der rechnerischen Ermittlung der Gestaltfestigkeit unbedingt die größere Beachtung; denn er setzt an die Stelle einer empirischen Behandlung vieler Einzelfälle die Anwendung allgemein als gültig erkannter Gesetzmäßigkeiten. Das Bestreben des Forschungsingenieurs muß es ja immer sein, in die verwirrende Fülle von Einzelerscheinungen Ordnung zu bringen und wenige Regeln aufzustellen, denen sich möglichst viele Erfahrungen unterordnen lassen und denen man Vertrauen schenken darf, wenn sie auch kein Elementargesetz an sich bedeuten [72, 73]. — Die Frage, welcher Weg nun, praktisch und wirtschaftlich gesehen, vom Konstrukteur vorzuziehen ist, wird sich wohl mit zunehmender Kenntnis der inneren Mechanik der Festigkeit zugunsten der formelmäßigen Bestimmung der Kerbdauerfestigkeit beantworten lassen: Die Ermittlung der Dauerhaltbarkeitswerte aus α_k, η_k und σ_W wird stets zum unentbehrlichen Rüstzeug des guten Konstrukteurs gehören.

Als die ersten grundlegenden Untersuchungen auf dem Gebiet der Gestaltfestigkeit zu der Erkenntnis geführt hatten, daß trotz der Verschiedenartigkeit der reinen Werkstoffdauerfestigkeit σ_W und der Nenndauerfestigkeit σ_{nW} eines Konstruktionsteils immerhin gewisse Zusammenhänge bestehen, die sich zweckmäßig durch die Beziehung $\sigma_{nW} = \sigma_W/\beta_k = \sigma_W/[(\alpha_k - 1) \cdot \eta_k + 1]$ ausdrücken lassen, hatte man die Überzeugung, diese Formel als Grundlage für neue Berechnungsverfahren in der konstruktiven Technik allgemein einführen zu können. Man war der Ansicht, daß es bei Benutzung dieser Formel nur nötig sei, mit Modellversuchen Unterlagen über α_k-Werte von recht vielen Konstruktionsteilen zu gewinnen. Daneben versuchte man an einer bestimmten „Normenprobe" — einer Umlaufbiegeprobe mit Halbkreisrillenkerbe ($\varrho/d = 1/10$) — die Kerbempfindlichkeit für die gebräuchlichsten Werkstoffe zu bestimmen und ein für allemal festzulegen. Als dann später die weiteren Untersuchungen ergaben, daß die Kerbempfindlichkeit keine reine Werkstoffkonstante ist, machte sich hie und da eine gewisse Resignation bemerkbar; man fürchtete, daß nun das aus α_k, β_k und η_k aufgestellte Gebäude zusammenstürzen müsse und daß man die Aufgaben der beanspruchungsgerechten Bemessung nur noch auf dem Wege über unmittelbare Gestaltfestigkeitsversuche lösen könne.

Derartige Bedenken sind heute nicht mehr begründet. Infolge der erfolgreichen Werkstoff- und Festigkeitsforschung der letzten Jahre steht man bei der Berechnung von Dauerhaltbarkeitswerten wieder auf festeren Grundlagen. Man hat auch z. B. schon die erforderlichen Kenntnisse darüber, welchen Einflüssen die Kerbempfindlichkeit unterliegt und ist weiterhin bestrebt, diese Einflüsse noch bis ins einzelne zu erforschen, so z. B. den Einfluß der Wärmebehandlung eines Stahles auf seine Kerbempfindlichkeit, den Einfluß der Kerbform und der Beanspruchungsart auf die Kerbempfindlichkeit, den „Größeneinfluß" [74], den Zusammenhang zwischen Dämpfungsfähigkeit und Kerbempfindlichkeit, um nur einige Probleme herauszugreifen. Wenn also die rechnerische Bestimmung von Dauerhaltbarkeitswerten in Wirklichkeit zwar nicht ganz so einfach ist, wie man zunächst annahm, so kann sie doch vom heutigen Standpunkt aus als durchführbar, ja in vielen Fällen als durchaus vorteilhaft angesprochen werden. Zudem liegt ja auch heute schon ein viel größeres Zahlenmaterial an Formziffern vor, das einerseits auf versuchsmäßigem Wege und zum anderen durch die neuen Verfahren der mathematischen Festigkeitsforschung gewonnen wurde. Gerade die Verfahren zur versuchsmäßigen Bestimmung der Beanspruchungsverteilung, von denen die wichtigsten die Feindehnungsmessungen am belasteten Werkstück selbst und die spannungsoptischen Untersuchungen an Modellkörpern aus Glas oder Kunstharz sind, treten als Forschungsgebiet der praktischen Kerbspannungslehre immer mehr in den Vordergrund. Sie haben nicht nur unmittelbar Bedeutung, indem sie dem Konstrukteur Unterlagen für die Bemessung seiner Teile geben, sondern können auch äußerst fruchtbringend in den Dienst der Grundlagenforschung gestellt werden. Sie können insbesondere dazu beitragen, durch Erforschung der Beanspruchung in einfachen Grundformen unser Gefühl für die Abhängigkeit der Spannungsverteilung von der Gestaltung, den Verformungsmöglichkeiten und der Art des äußeren Kräfteangriffs zu schulen.

C. Gewaltbruch, Zeitbruch und Dauerbruch.
Gesetzmäßigkeiten der Bruchausbildung bei glatten und gekerbten Bauteilen.
I. Aufgaben der Bruchforschung.

An unseren Konstruktionswerkstoffen tritt sowohl im praktischen Betrieb als auch bei der Prüfung im Versuchslaboratorium eine große Fülle von Brucherscheinungen auf, wie z. B. Gewaltbrüche nach zügiger und kurzzeitiger Beanspruchung, Dauerbrüche nach langdauernder Wechselbeanspruchung wenig oberhalb der Dauerfestigkeit und die dazwischenliegenden Zeitbrüche nach wechselnder Beanspruchung mit größeren plastischen Formänderungen. Die große Vielfalt der Art und des Verlaufes dieser Brüche läßt erkennen, daß an der Entstehung eines Bruches zahlreiche Einflüsse beteiligt sein müssen. Es gilt, diese Einflüsse im einzelnen genau zu erforschen und in allgemeingültige Gesetzmäßigkeiten einzuordnen, damit aus den aufgetretenen Brüchen auch für die Gestaltung und die Werkstoffauswahl verwertbare Erkenntnisse gewonnen werden können und die Bruchgefahr an technischen Bauteilen mit genügender Sicherheit beurteilt werden kann.

Bisher hat sich die praktische Bruchforschung oft nur auf die Erklärung und Beurteilung gerade anfallender Betriebsbrüche beschränkt. Der Werkstoffprüfer hat sich meist damit begnügt, an Hand einer großen Reihe von Versuchen, die entsprechend den im Betrieb in Frage kommenden Verhältnissen durchgeführt wurden, unter den verschiedenen möglichen Bruchursachen die richtige herauszufinden oder für eine einzelne Brucherscheinung eine Erklärung abzugeben. Heute gehört es jedoch unbedingt zum Aufgabenbereich der Bruchforschung, auf breiter Grundlage den *inneren Mechanismus des Bruchvorganges* zu erfassen: Der Werkstoffprüfer muß wissen, welche Vorgänge im Werkstoff vor dem Bruch stattfinden und den Bruch herbeiführen, welchen Einfluß die Gestaltung des Teiles, insbesondere auch die allerfeinsten Unregelmäßigkeiten der Oberflächenbeschaffenheit auf den Bruchverlauf und die Lage des ersten Anrisses haben, welche Werkstoffeigentümlichkeiten, wie z. B. Schlackenzeilen, den Bruch begünstigen oder lenken, daneben auch, welchen Einfluß die Verteilung der Schub- und Normalspannung an den betreffenden Stellen auf den Bruchanriß und den weiteren Verlauf des Bruches ausübt. Kennt man diese Einflüsse, so lassen sich leicht die aus der Betrachtung eines Falles gewonnenen Erfahrungen auch zur Beurteilung und Erklärung von Brüchen an anders gestalteten Formelementen oder bei anderen Werkstoffen heranziehen.

Wir bedienen uns also heute der Bruchforschung in ähnlichem Sinn, wie der Mediziner die pathologische Untersuchung, den Sezierbefund am toten Körper heranzieht, um die Gesetze für die Gesunderhaltung des lebenden Körpers zu ergründen.

Die bei *Biege- oder Zugbeanspruchung* auftretenden Bruch- und Verformungserscheinungen sind sowohl für wechselnde Dauerbeanspruchung als auch für zügige Gewaltbeanspruchung schon weitgehend untersucht worden [17, 75 ... 79]. Auf dem Gebiet der *Verdrehbrucherscheinungen* sind jedoch nur wenig Untersuchungen durchgeführt worden [80]. In den folgenden Abschnitten sind die bisher gewonnenen Ergebnisse unter einheitlichen Gesichtspunkten zusammengefaßt und durch eigene eingehende Untersuchungen, insbesondere über „Zeitbrüche" und über Bruch- und Verformungserscheinungen bei verdrehbeanspruchten Wellen ergänzt worden [33, 81, 82]. Diese Untersuchungen waren notwendig, weil bei Verdrehbeanspruchung noch eine große Fülle von bisher ungeklärten Brucherscheinungen vorlag und weil außerdem der Verdrehbruch besonders geeignet ist, Einblick in den inneren Mechanismus des Bruchvorganges zu geben. Bei Verdrehbeanspruchung können nämlich schon geringfügige Änderungen der äußeren Betriebsbedingungen, der Werkstoffeigenschaften oder der Gestaltung, ganz besonders aber der Oberflächenbeschaffenheit, zu gänzlich andersgearteten Brucherscheinungen führen.

Die im folgenden angegebenen Gesetzmäßigkeiten für die Bruchausbildung an glatten und gekerbten Bauteilen beziehen sich in der Hauptsache auf Stahl und Gußeisen. Wo es angebracht erschien, ist jedoch auch auf Bruchformen von Kunstharzpreßstoffen und von Leichtmetallen verwiesen worden.

II. Begriffsbestimmung für Gewaltbruch, Zeitbruch und Dauerbruch.

1. Zügige und wechselnde Beanspruchung.

Man unterscheidet zunächst verschiedene *Beanspruchungsarten*: Zugbeanspruchung, Biegebeanspruchung, Verdrehbeanspruchung. Daneben teilt man noch nach dem *Beanspruchungsverlauf* in zügige und wechselnde Beanspruchung ein. Unter *zügiger* Beanspruchung versteht man eine ständig in einer Richtung ansteigende Beanspruchung („in einem Zug ansteigend"), im Gegensatz zur *wechselnden* Beanspruchung, bei der die Größe der Verformung ständig wechselt[1]. Bruchaussehen und Bruchverlauf hängen in erster Linie von Werkstoff, Beanspruchungsart und zeitlichem Beanspruchungsverlauf ab.

Je nach der Art des Beanspruchungsverlaufes unterscheidet man zwischen Gewaltbruch und Zeitbruch bzw. Dauerbruch. Bei einer sinnvollen Begriffsbestimmung dieser verschiedenen Brucharten darf man nicht von den auftretenden Spannungen ausgehen, sondern man muß die auftretenden bleibenden Verformungen zugrunde legen. Es sei daher zunächst von dem Verformungsvorgang bei zügiger und bei wechselnder Beanspruchung ausgegangen.

Sobald bei einem zähen Werkstoff die Belastung die Elastizitätsgrenze übersteigt, tritt eine zunächst nur geringe plastische Formänderung ein, und zwar meist durch Gleiten in den Kristallen [83]. Das Gleiten erfolgt in den Gleitebenen, das sind Gitterebenen des Kristalls, die am dichtesten mit Atomen besetzt sind, unter dem Einfluß von Schubspannungen. Sobald also die Schubspannung eine gewisse Größe überschritten hat, die vom Werkstoff, aber auch vom Beanspruchungszustand, nach den neueren Anschauungen auch von der Spannungsverteilung abhängig ist, beginnt in den Gleitebenen des Kristalls, die gerade in die Richtung der größten Schubspannung fallen, ein Gleiten. Mit zunehmender Schubspannung werden immer weitere Kristalle von der Gleitung erfaßt, auch solche, deren mögliche Gleitebenen nicht genau in die Richtung der größten Schubspannung fallen.

---

[1] Die Einteilung in zügige und wechselnde Beanspruchung ist zweckmäßiger als die früher übliche Einteilung in statische und dynamische Beanspruchung [1]. Das Wort „zügige Beanspruchung" deutet auf den Verlauf der Beanspruchung hin und darf nicht verwechselt werden mit „Zugbeanspruchung".

Da die größten Schubspannungen in zwei aufeinander senkrecht stehenden Richtungen auftreten, haben die einzelnen Kristallite auch die Möglichkeit, in der einen oder in der anderen Richtung zu gleiten, Abb. 29. Bei manchen Werkstoffen treten diese Gleitebenen im Schliffbild in Form von sog. Gleitlinien in Erscheinung. Abb. 30 zeigt einen Oberflächenanschliff einer verdrehbeanspruchten Welle nach etwa 1500 Lastspielen in 500facher Vergrößerung. Man sieht deutlich ausgeprägt in verschiedenen Kristallen Gleitlinien, und zwar der Theorie entsprechend in zwei senkrecht aufeinanderstehenden Richtungen.

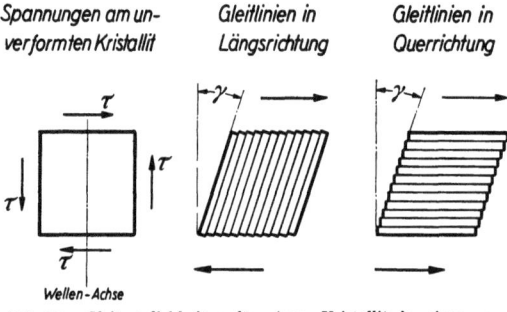

Abb. 29. Gleitmöglichkeiten für einen Kristallit in einer verdrehten Welle (schematisch übertrieben).

Bei plastischen Formänderungen unterhalb der Streckgrenze, wie sie z. B. bei Dauerwechselbeanspruchung auftreten, liegen nur mikroskopisch sichtbare Gleitungen vor; die Größe der Formänderung wird noch in der Hauptsache durch die nur elastisch verformten Kristalle bedingt. Bei Überschreiten der sog. Streckgrenze des Werkstoffes nehmen die plastischen Formänderungen Ausmaße an, die die Größenordnung der elastischen Formänderung weit übersteigen.

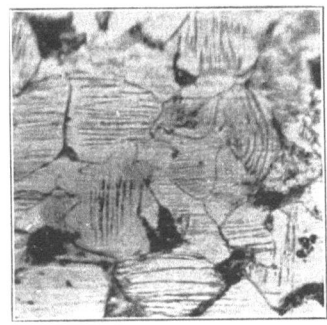

Abb. 30. Gleitlinien in Quer- und Längsrichtung auf der polierten Oberfläche einer verdrehbeanspruchten Welle. (Aufgenommen nach 1500 L. Sp.; V = 500; St 37.11.)

2. Gewaltbruch.

Mit dem Fließen ist eine mehr oder weniger große Gleitwiderstandserhöhung (bisher oft Verfestigung genannt) verbunden. Es sind daher z. B. bei einem Zugversuch immer größere Belastungen nötig, um den Stab weiter zu verformen. Überschreiten schließlich die hierbei ständig steigenden Spannungen die Festigkeit des Werkstoffs, so wird ein Bruch ausgelöst, den man als *Gewaltbruch* bezeichnet.

Der Ausdruck Gewaltbruch besagt bei einem Werkstück, daß der Bruch nicht bei normalen Betriebsbedingungen erfolgt ist, sondern durch plötzliches Einwirken großer zusätzlicher Kräfte infolge irgendeiner Störung. Im praktischen Betrieb zählt man daher auch oft solche Brüche, die nach zwei, drei oder mehr kurz aufeinanderfolgenden Gewalteinwirkungen entstanden sind, zu den Gewaltbrüchen.

Die bei zügiger Beanspruchung und hohen Temperaturen auftretenden Dauerstandbrüche können natürlich nicht als Gewaltbrüche bezeichnet werden, obwohl es sich hierbei um einmalige Belastung handelt. Es übersteigt den Rahmen dieser Arbeit, auf diese Brucherscheinungen näher einzugehen; ebenso muß wegen der sog. Laugenbrüche und Korrosionsbrüche, die unter dem Einfluß zügiger Belastung und gleichzeitigem Korrosionsangriff entstehen, und der Korrosionsdauerbrüche, die bei wechselnder Dauerbeanspruchung und gleichzeitigem Korrosionsangriff auftreten, auf das Schrifttum verwiesen werden [84, 85].

Dem Gewaltbruch gehen meist erhebliche plastische Formänderungen voraus; nur bei spröden Werkstoffen oder bei sehr starker Formänderungsbehinderung in spitzen Kerben [86] kann der Gewaltbruch durch Trennen ohne vorausgegangene

Verformung entstehen, wie z. B. die hinreichend bekannten Brucherscheinungen beim Kerbschlagversuch zeigen[1].

3. Zeitbruch und Dauerbruch.

Elastische Verformungen werden im Wechsel unendlich oft ertragen [88]; es können aber auch plastische Formänderungen in beliebigem Wechsel ertragen werden, wenn nur die Gleitbeträge unterhalb einem gewissen, mit unseren heutigen Mitteln allerdings noch nicht meßbaren Betrag, der sog. Grenzgleitung, bleiben; Bruchgefahr besteht bei wechselnder Beanspruchung also nur dann, wenn die durch die Schubspannungen hervorgerufenen Gleitungen die Grenzgleitung überschreiten und dadurch eine Gleitentfestigung, bisher oft Kohäsionszerrüttung genannt, eintritt [89...99]. Die Festigkeit wird dabei allmählich erniedrigt, bis sie auf die Höhe der aufgezwungenen Beanspruchung herabgesunken ist; der dann einsetzende Bruch wird mit Dauerbruch oder Zeitbruch bezeichnet.

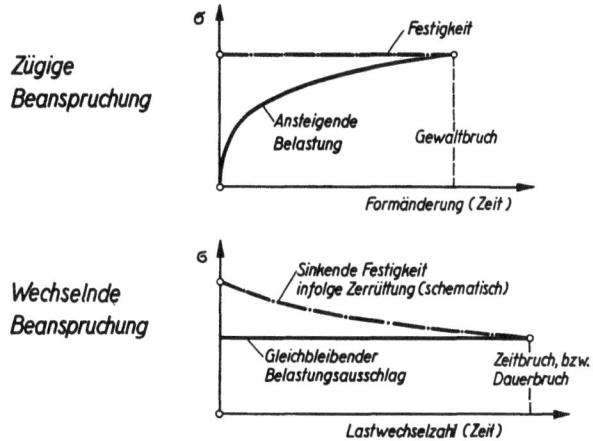

Abb. 31. Schematischer Vergleich der Bruchentstehung bei zügiger und bei wechselnder Beanspruchung.

Der Bruchvorgang bei wechselnder Beanspruchung ist also grundverschieden von dem Bruchvorgang bei zügiger Beanspruchung. In der Abb. 31 ist dies noch einmal grob schematisch dargestellt; während bei rein zügiger Beanspruchung der Werkstoff eine gewisse Festigkeit hat, die schließlich beim Zerreißen von der stetig ansteigenden Last erreicht wird, bleibt bei wechselnder Beanspruchung der Belastungsausschlag konstant, dagegen nimmt die Werkstoffestigkeit mit zunehmender Zerrüttung ab, bis sie endlich die Höhe der aufgebrachten Belastung erreicht und dadurch an einer Stelle, die gerade besonders gefährdet ist, ein Anriß eintritt.

Eingehende Untersuchungen zeigen allerdings, daß auch bei zügiger Belastung die Werkstoffestigkeit während des Verformungsvorganges nicht genau konstant bleibt. So läßt sich z. B. nachweisen, daß durch starke zügige Gleitungen in einer Ebene die Schubfestigkeit in dieser Ebene herabgesetzt wird, so daß man von einer Erschöpfung des plastischen Gleitvermögens sprechen kann. Weiterhin hat W. KUNTZE [86] durch Versuche festgestellt, daß bei zügiger Beanspruchung die Kohäsionsfestigkeit des Werkstoffes während der zunehmenden Beanspruchung nicht gleich bleibt, sondern zunächst ansteigt, um dann wieder abzusinken. — Bei der eben gegebenen Begriffsbestimmung kam es jedoch nur darauf an, das Wesen der beiden Brucharten klarzulegen und die allgemeinen Unterscheidungsmerkmale kurz zu kennzeichnen.

Zwischen diesen bei wechselnder Beanspruchung auftretenden Dauerbrüchen und Zeitbrüchen gibt es noch keine festen Grenzen. Man spricht von *Dauerbrüchen*, wenn die Dauerfestigkeit nur wenig überschritten ist. Mit zunehmender Entwicklung des Leichtbaues wurde es nötig, Konstruktionsteile von vornherein nur für eine beschränkte Lebensdauer bzw. für eine vorgegebene Betriebszeit zu

---

[1] Auch bei spröden Körpern, wie Marmor, lassen sich bleibende Formänderungen vor dem Bruch erzwingen, wenn man die Körper unter hoher allseitiger Druckvorspannung beansprucht; dies haben die Versuche von R. BÖKER [87] gezeigt.

bemessen. Dadurch hat sich der Begriff der „Zeitfestigkeit" gebildet, das ist die Beanspruchung, die ein Werkstück während einer bestimmten Zahl von Lastwechseln gerade noch ertragen kann [100]. In Anlehnung an den Begriff der Zeitfestigkeit entstand das Wort „Zeitbruch". Zeitbrüche sind Brüche, die nach einer verhältnismäßig geringen Zahl von Lastwechseln (bis zur Größenordnung von etwa 10^5) auftreten; sie umfassen das Gebiet zwischen Gewaltbruch und Dauerbruch, Abb. 32.

Es sind daher insbesondere alle Brüche, die durch wechselnde Beanspruchung oberhalb der Streckgrenze, also bei starken wechselnden plastischen Formänderungen auftreten, mit „Zeitbruch" zu bezeichnen.

Im praktischen Betrieb entstehen auch häufig dadurch Brüche, daß einer unter der Dauerfestigkeit bleibenden Grundlast gelegentliche Belastungsspitzen überlagert sind, die das Werkstück zeitweise stark überbeanspruchen und dadurch seine Festigkeit allmählich herabsetzen [100 ... 107]. Auch derartige Brüche fallen unter den Begriff der Zeitbrüche.

Es seien hier folgende Bemerkungen eingeschaltet:

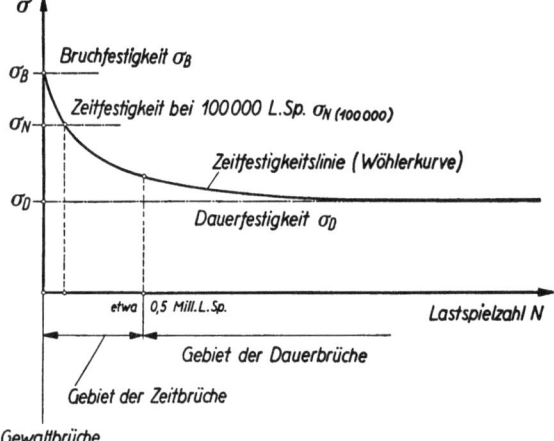

Abb. 32. Überblick über die Einordnung der Brucharten.

In Abb. 32 wurde versucht, einen Überblick über die Einordnung der verschiedenen Brucharten zu geben. Eine streng logische Einordnung zu finden, ist allerdings nicht ganz leicht. Die übliche Abgrenzung der Begriffe Zeitbruch und Dauerbruch entspricht nämlich nicht genau der Abgrenzung der entsprechenden Begriffe Zeitfestigkeit und Dauerfestigkeit. Wollte man die Begriffe Zeitbruch und Dauerbruch einerseits und Zeitfestigkeit und Dauerfestigkeit andererseits einander zuordnen, so dürfte man überhaupt nicht mehr von einem Dauerbruch reden: sobald ein Bruch eintritt, ist nämlich schon die Dauerfestigkeit überschritten, und man befindet sich im Gebiet der Zeitfestigkeit. Da aber das Wort „Dauerbruch" das Wesentliche dieser Bruchart wiedergibt und auch allgemein Eingang gefunden hat, wäre es unzweckmäßig, den „Dauerbruch" einer streng logischen Einordnung zuliebe wieder fallenzulassen.

Bei näherer Betrachtung muß man weiterhin feststellen, daß das Gebiet der Zeitbrüche sehr ausgedehnt ist gegenüber dem engbegrenzten Gewaltbruch (Lastspielzahl = 0) und dem Dauerbruch (Lastspielzahl im allgemeinen zwischen 0,5 und 5 Mill. L.Sp., bei Korrosionseinfluß, Einfluß von Reibung oder Verschleiß auch höher). Dies kommt auch dadurch zum Ausdruck, daß der Zeitbruch sehr verschiedene Erscheinungsformen aufweisen kann, je nach der Zahl der ertragenen Lastspiele. Es erweist sich daher manchmal als zweckmäßig, zwischen langwechsliger Zeitbeanspruchung und kurzwechsliger Zeitbeanspruchung zu unterscheiden, wobei als Grenze zwischen langwechsliger und kurzwechsliger Beanspruchung die Streckgrenze gewählt werden kann. Der Zeitbruch nach kurzwechsliger Beanspruchung nähert sich im Aussehen und auch im Bruchmechanismus dem Gewaltbruch, während der Zeitbruch nach langwechsliger Beanspruchung in seinem Aussehen dem Dauerbruch schon ziemlich nahekommt.

Das hauptsächliche Interesse beanspruchen daher die Zeitbrucherscheinungen im Bereich größerer plastischer Verformungen.

Zusammenfassend läßt sich etwa folgendes sagen:

Gehen die bleibenden Verformungen zügig, d. h. in gleichbleibender Richtung vor sich, so sprechen wir von zügiger Beanspruchung; den entsprechenden Bruch nennt man Gewaltbruch. Wechseln die plastischen Verformungen ihre Richtung in wiederholtem Spiel, so sprechen wir von wechselnder Beanspruchung. Sind dabei die bleibenden Verformungen in etwa gleicher Größenordnung wie die elastischen Verformungen, so spricht man von Dauerwechselbeanspruchung, die auftretenden Brüche bezeichnet man als Dauerbrüche. Sind dagegen die bleibenden Verformungen von höherer Größenordnung als die elastischen, und das ist im allgemeinen bei Belastungen oberhalb der Streckgrenze der Fall, dann sprechen wir von Beanspruchung im Gebiet der Zeitfestigkeit, und der auftretende Bruch heißt Zeitbruch.

Abb. 33. Bruchlage einer Schweißverbindung bei zügiger (oben) und bei schwellender Zugbeanspruchung (unten).

Zwischen diesen einzelnen Belastungsarten sind Übergänge möglich. Auch die Brüche können in ihrem Aussehen derartige Übergänge aufweisen. Meist zeigen sie jedoch ziemlich ausgeprägt Merkmale der einen oder Merkmale der anderen Bruchart.

Der Gewaltbruch nimmt meist seinen Ausgang von einer Stelle geringeren Querschnitts oder größerer Verformbarkeit, dagegen nehmen Dauerbrüche und Zeitbrüche immer ihren Ausgang von der Stelle übergroßer örtlicher Beanspruchung. So wird z. B. bei einer guten Schweißverbindung der Gewaltbruch außerhalb der Schweißnaht liegen, während die Lage des Dauerbruches und des Zeitbruches durch die Kerbwirkung der Schweißnaht bestimmt wird, Abb. 33.

Während ein Gewaltbruch sich infolge der vorausgegangenen plastischen Formänderungen leicht als solcher erkennen läßt und es auch in den meisten Fällen einfach festzustellen ist, durch welche Art von äußerer Belastung, ob Biegung, Zug oder Verdrehung, er entstanden ist, bietet der Dauerbruch immer ziemlich große Schwierigkeiten bei einer Beurteilung. Bisher nahm man für die Dauerbrüche an Stahl folgende Gesetzmäßigkeiten an:

Das *Aussehen des Dauerbruches* ist dadurch gekennzeichnet, daß sich eine feinkörnige, samtartige, ziemlich glatte Dauerbruchfläche ohne sichtbare Ver-

42 Gewaltbruch, Zeitbruch und Dauerbruch.

formungserscheinungen von einer grob zerklüfteten, stark verformten Restbruchfläche unterscheiden läßt, Abb. 34. Die Größe der Restbruchfläche ist ein Maß für die Größe der Überbeanspruchung. Der *Dauerbruchweg* verläuft bei normalen Verhältnissen, im großen gesehen, senkrecht zur Hauptnormalspannungsrichtung, im kleinen gesehen und schematisiert ist er eine Treppe aus Wegteilen in den Schubspannungsrichtungen, in denen durch die Gleitungen die Kohäsionszerrüttungen bewirkt worden sind, Abb. 35 [17, 75].

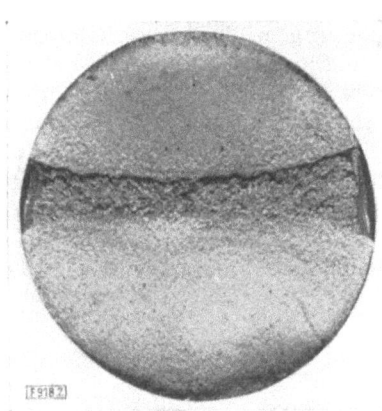

Abb. 34. Dauerbruch an einer Einspannung bei Hin- und Herbiegung.
Feinkörnige Dauerbruchfläche und grobkörnige Restbruchfläche.)

Diese Ansicht, daß der Dauerbruch „senkrecht zu den Spannungs-Trajektorien" verläuft, wurde, ebenso wie die Ansicht über das Bruchaussehen, hauptsächlich auf Grund der Betrachtung von Biegedauerbrüchen bei Stahl gewonnen. Beide Ansichten können heute jedoch nicht mehr genügen, da sie mit einem großen Teil der Brucherscheinungen bei Verdrehung im Widerspruch stehen. Es mußten daher neue, in weiterem Bereich gültige Gesetzmäßigkeiten gefunden werden.

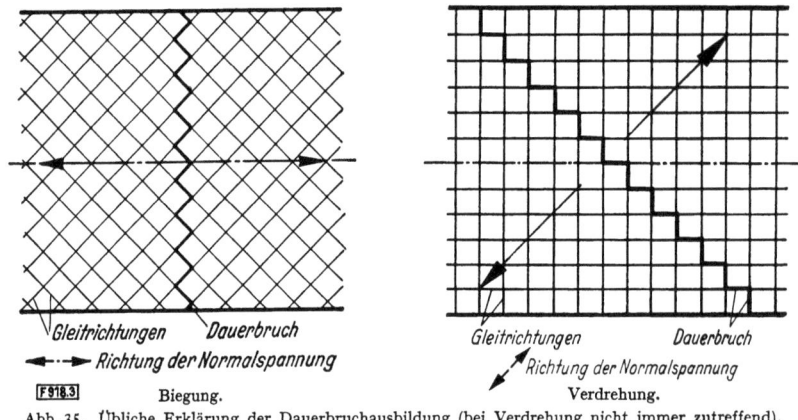

Abb. 35. Übliche Erklärung der Dauerbruchausbildung (bei Verdrehung nicht immer zutreffend).

III. Allgemeine Grundregeln für die Bruchrichtung und das Bruchaussehen.

1. Bedeutung des Verhältnisses σ_{max}/τ_{max}.

Sowohl der Dauerbruch als auch der Zeitbruch und der Gewaltbruch können in *Richtung der Hauptnormalspannungen* (senkrecht zur größten Zugspannung) verlaufen, also durch Trennen entstehen, oder sie können in *Richtung der größten Schubspannung* (d. h. unter 45° zur erstgenannten Richtung) verlaufen, also durch Abschieben entstehen.

Eine kurze, allgemeingültige Regel darüber, welche von beiden Richtungen der erste Anriß bevorzugt, läßt sich nicht leicht geben, da die Wahl der einen oder der anderen Bruchrichtung von den mannigfaltigsten Einflüssen abhängt. Immerhin kann man folgende Grundregeln aufstellen:

Ob der Anriß als Trennbruch senkrecht zu den größten Zugspannungen oder als Schiebungsbruch in Richtung der größten Schubspannungen entsteht, hängt davon ab, ob die Zugspannungen zuerst die Trennfestigkeit oder die Schubspannungen zuerst die Schubfestigkeit erreichen.

Aus dieser grundsätzlichen und allgemeinen Feststellung geht hervor, daß die Bruchrichtung einerseits von dem Verhältnis der größten auftretenden Zugspannung zur größten auftretenden Schubspannung und andererseits von dem Verhältnis der Trennfestigkeit zur Schubfestigkeit abhängt. Maßgebend für die Bruchrichtung sind also in der Hauptsache:

1. *die Art der äußeren Beanspruchung*, da diese den Spannungszustand und damit auch das Verhältnis σ_{max}/τ_{max} bedingt;

2. *der Werkstoff*, da bei den einzelnen Werkstoffen das Verhältnis von Trennfestigkeit zu Schubfestigkeit verschieden ist, und

3. die *Gestalt* und *Oberflächenbeschaffenheit*, da diese sowohl den Spannungszustand als auch die Trennfestigkeit und Schubfestigkeit des Werkstoffes beeinflussen.

4. Bei zähen Werkstoffen ist außerdem die Höhe der auftretenden zügigen oder wechselnden *Gleitungen* maßgebend. Die Neigung zum Schiebungsbruch ist um so größer, je größer das Verhältnis $\gamma_{max}/\sigma_{max}$ ist.

2. Kurze Zusammenfassung der wichtigsten Regeln.

Die Tatsache, daß bei einachsiger Zugbeanspruchung die auftretenden größten Schubspannungen (unter 45° zur Achse) nur halb so groß sind wie die Zugspannungen, während bei Verdrehbeanspruchung die auftretenden Schubspannungen gleiche Größe wie die Hauptnormalspannungen haben ($\tau_{max} = \sigma_I = |\sigma_{II}|$), besitzt große Bedeutung für die Bruchausbildung. So findet man, daß bei Zug- und Biegebeanspruchung die Brüche meist als Trennbrüche beginnen, während bei Verdrehbeanspruchung zäher Werkstoffe häufig Schiebungsbrüche zu beobachten sind. (Spröde Werkstoffe weisen immer Trennbrüche auf.)

Wie in den nächsten Abschnitten ausführlich gezeigt wird, lassen sich im einzelnen hierbei noch folgende Regeln aufstellen: Geringe wechselnde Gleitungen, wie sie bei Beanspruchung kurz oberhalb der Dauerfestigkeit auftreten, bewirken eine allgemeine Kohäsionsentfestigung und fördern daher die Neigung zum Trennbruch. Zug-Dauerbrüche und Biege-Dauerbrüche sind also immer Trennbrüche. Der Verdrehbruch ist bei einem zähen Werkstoff meist nur dann ein Trennbruch unter 45° zur Achse, wenn sehr kleine Gleitungen stattfinden, z. B. bei Dauerbeanspruchung mit hoher Vorlast (Schwellbeanspruchung) oder bei Dauer-Wechselbeanspruchung und gleichzeitiger Fließbehinderung infolge Kerbwirkung. Ist bei Verdrehung die Beanspruchung mit größeren Gleitungen verbunden, so verläuft der Bruch als Schiebungsbruch quer, längs oder treppenförmig, den Schleifriefen oder der Werkstoffaser folgend. Dies ist besonders bei kurzwechsliger Beanspruchung der Fall (Zeitbruch). Schleifriefen haben ebenso wie sehr spitze Kerben oder scharfe Kanten das Auftreten von Schiebungsbrüchen im Kerbgrund zur Folge, sobald die Verdrehbeanspruchung mit starken wechselnden Gleitungen verbunden ist. (Die Wirkung der Schleifriefen auf die Bruchrichtung liegt darin begründet, daß diese ein Gleiten in ihrer Richtung fördern, während sie Gleitungen senkrecht zu ihrer Richtung behindern.)

3. Aussehen des Trennbruches und des Schiebungsbruches.

Ein Bruch, der durch *Trennen* entsteht, hat im allgemeinen ein *mattes, körniges Aussehen*. Der Trenndauerbruch nach wechselnder Beanspruchung ist feinkörnig, samtartig. Nach wechselnder Zug-Druckbeanspruchung ist er meist noch glatter als bei Zugursprungsbeanspruchung. Ein Trennbruch nach zügiger Beanspruchung (Gewaltbruch) oder wechselnder Beanspruchung mit großer plastischer Formänderung (Zeitbruch) ist dagegen grobkörnig, oft sogar faserig oder fräserartig, mit Ausnahme von sehr harten Werkstoffen, die im allgemeinen immer zum feinkörnigen Bruchaussehen neigen.

Roš und EICHINGER [76] halten es für richtiger, das Wort Trennbruch nur dem verformungslosen Bruch vorzubehalten; sie empfehlen, für einen Gewaltbruch, der im großen und ganzen senkrecht zu den größten Zugspannungen verläuft, aber infolge vorausgegangener starker plastischer Verformungen faserig oder fräserartig ist, das Wort „Zerreißungsbruch". Ein ausgesprochener Vertreter dieser Bruchart ist der „Fräserbruch" an einem zerrissenen Stab aus zähem, gewalztem Werkstoff (vgl. Abb. 53) oder der sog. „Verformungsbruch" bei Kerbschlagproben aus zähen Stählen. — H. FROMM schlägt das Wort „Reißbruch" an Stelle von „Trennbruch" vor [108]. — Im folgenden wird unter einem Trennbruch immer ein Bruch senkrecht zu den größten Normalspannungen verstanden, das Wort Trennbruch also im Gegensatz zu Schiebungsbruch gebraucht.

Abb. 36. Verdrehzeitbruch in der Längsrichtung einer polierten Welle (St 37; V = 500). Mikroskopische Aufnahme der Gleitlinien und des ersten Anrisses nach 1500 Lastspielen.

Ein Bruch, der durch *Abschieben* entsteht, hat im allgemeinen ein *glänzendes, glattes bis schuppiges Aussehen*. Der Schiebungsbruch nach wechselnder Beanspruchung zeigt dabei meist eine braunrote bis schwarze Farbe infolge der Blutungserscheinungen (Reiboxydation, vgl. den Zeitbruch in Abb. 69b), während der Schiebungsbruch nach zügiger Beanspruchung metallisch blank ist, Abb. 39. Abb. 36 zeigt eine mikroskopische Aufnahme eines Schiebungsbruches (Zeitbruch) bei einem verdrehbeanspruchten Stab aus St 37.

IV. Einfluß des Werkstoffes und des zeitlichen Verlaufes der Beanspruchung auf die Bruchrichtung.

Bei *spröden Werkstoffen* liegt die Schubfestigkeit höher als die Trennfestigkeit, denn bei diesen treten sowohl die Dauerbrüche als auch die Gewaltbrüche und Zeitbrüche immer senkrecht zu den größten wirkenden Zugspannungen auf, unabhängig davon, ob der Werkstoff durch Biegung oder Verdrehung usw. belastet wird. Abb. 37 zeigt einen Verdreh-Gewaltbruch bei einem gehärteten Si-Mn-Federstahl unter 45° zur Wellenachse, Abb. 38 einen Dauerbruch bei einem ausgesprochen spröden Werkstoff, und zwar bei einem wechselverdrehten Stab aus holzmehlgefülltem Kunstharzpreßstoff [109]; bei Gußeisen würde der Bruch ebenso verlaufen. Bei gehärtetem Stahl ist der Dauerbruch feinkörniger als der Gewaltbruch, bei Gußeisen ist dies umgekehrt [110].

Bei *zähen Werkstoffen*, die vor dem Bruch plastische Formänderungen und damit Gleitungen aufnehmen, ist für die Bruchrichtung maßgebend, *wie die Trennfestigkeit und die Schubfestigkeit durch Gleitvorgänge geändert werden*. Hierfür konnten folgende Gesetzmäßigkeiten gefunden werden[1]:

1. Trennentfestigung durch geringe wechselnde Gleitungen.

Durch geringe wechselnde Gleitungen, die die Grenzgleitung etwas übersteigen, wird die Trennfestigkeit verringert. Die Trennfestigkeit[2] wird dabei geringer als die Schubfestigkeit, so daß der Bruch — unabhängig von dem jeweiligen Spannungszustand — immer senkrecht zu den größten Zugspannungen verläuft, wenn die Gleitbeträge im Verhältnis zu den Größtwerten der auftretenden Zugspannungen sehr gering sind. Dies ist besonders der Fall in Kerben, wie Hohlkehlen, Einspannstellen usw., die eine starke Fließbehinderung ergeben, und bei wechselnder Beanspruchung mit hoher Vorlast; hier treten also immer Trennbrüche auf. Mit hoher Vorlast wachsen nämlich die auftretenden größten Zugspannungen, während die Gleitbeträge von der Vorlast unberührt bleiben, da sie nicht vom Scheitelwert, sondern nur von der Amplitude der wechselnden Schubspannung abhängen (vgl. S. 68). Man kann sich diese Ausbildung der Trenndauerbrüche so vorstellen, daß durch die feinen Gleitungen an vereinzelten, völlig regellos verteilten Stellen Lockerstellen des Werkstoffes zur Auswirkung kommen, so daß dieser den Charakter eines spröden Werkstoffes annimmt. (Daß durch feinverteilte Kerben eine Versprödung des Werkstoffes eintritt, zeigt sehr anschaulich das spröde Gußeisen, das als ein innerlich gekerbter Stahl aufgefaßt werden kann [112, 113]. Die Hauptzugspannungen, die das endgültige Trennen hervorrufen, werden also erst wirksam, wenn durch die kleinen Gleitungen in Schubspannungsrichtung der Werkstoff zerrüttet worden ist.

Abb. 37. Verdrehgewaltbruch bei einem gehärteten Si-Mn-Federstahl.

Abb. 38. Verdrehdauerbruch bei einem Flachstab aus Kunstharzpreßstoff (Typ S) [109].

---

[1] Auf die auf diesem Gebiet durch Untersuchungen an Einkristallen gewonnenen Ergebnisse und deren sinngemäße Übertragung auf Vielkristalle und den Kristallverband kann hier nicht näher eingegangen werden [111].

[2] Unter Trennfestigkeit ist der Widerstand der Kohäsionskräfte des Werkstoffes gegen ein Trennen durch Normalspannungen zu verstehen, und zwar als statistischer Mittelwert, über eine größere Anzahl von Kristalliten genommen. Entsprechend ist die Schubfestigkeit der Widerstand gegen ein endgültiges Abschieben in den Gleitrichtungen.

2. Schubentfestigung durch bevorzugtes Gleiten in einer Richtung.

In allen den Fällen, in denen stärkere Gleitungen bevorzugt in einer Richtung vor sich gehen, wird zunächst nur die Schubfestigkeit in dieser Richtung herabgesetzt:

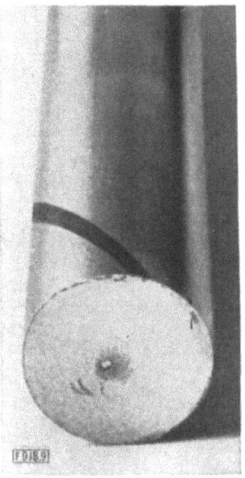

Abb. 39. Gewaltbruch einer zügig (langsam oder schlagartig) verdrehten Welle, sog. Querbruch (Schiebungsbruch) (Cr-V-Federstahl, vergütet auf Rockwellhärte 50 C).

Abb. 40. Querbruch (Gewaltbruch) einer verdrehten Welle aus weichgeglühtem Stahl.

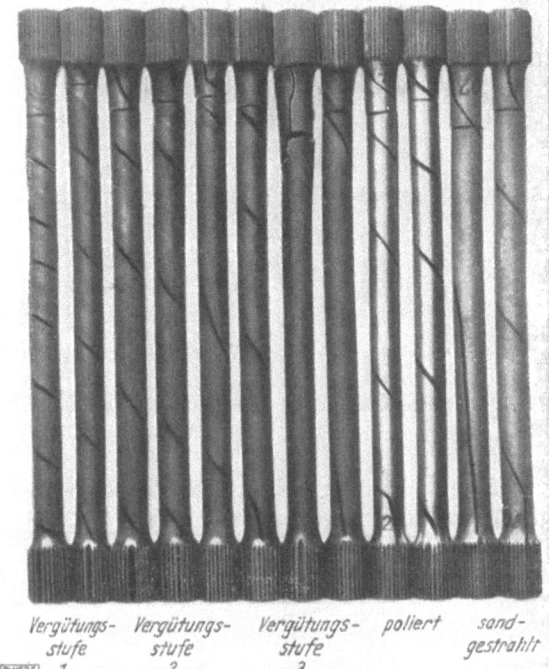

Abb. 41. Schlagverdrehbrüche an Kardanwellen. Verkupferte, polierte und sandgestrahlte Wellen aus Cr-V-Federstahl [33], Vergütungsstufe 1: Rockwellhärte 42...45 C. Vergütungsstufe 2: Rockwellhärte 49...52 C. Vergütungsstufe 3: Rockwellhärte 52...55 C. Poliert, sandgestrahlt: Rockwellhärte 49...52 C.

richtungsabhängige Entfestigung; es tritt keine allgemeine Kohäsionsentfestigung ein. Es sind also sowohl nach starken zügigen Gleitungen als auch nach starken wechselnden Gleitungen in einer bestimmten Richtung *Schiebungsbrüche* in dieser Richtung zu erwarten. So treten z. B. nach starker zügiger Verdrehung von Wellen die Brüche immer quer zur Achse auf. Die Schubspannung ist zwar bei diesen verdrehbeanspruchten Wellen in Längs- und Querrichtung gleich groß, aber in der Querrichtung haben die größten Gleitungen stattgefunden[1],

---

[1] Der Beweis hierfür war schon im ersten Abschnitt auf S. 18 gegeben (vgl. Abb. 16). Auch bei der Betrachtung von Abb. 29 kann man sich sehr leicht vorstellen, wie bei größeren Verformungswegen das Gleiten in der Querrichtung

wodurch in dieser Richtung die Schubfestigkeit geringer wurde als in der Längsrichtung. Einen solchen Querbruch zeigt Abb. 39 für einen hartvergüteten Federstahl, Abb. 40 für einen weichgeglühten Stahl. Auch bei Al- und Mg-Legierungen wurden die gleichen Bruchformen gefunden [114].

Abb. 41 bringt eine Zusammenstellung von Querbrüchen, die auf einem Torsionsschlagwerk, Abb. 42, durch mehrere Schläge in gleichbleibender Richtung erzeugt wurden [33]. Die einzelnen Wellen hatten verschiedene Oberflächenbeschaffenheit: poliert, sandgestrahlt und verkupfert; die verkupferten Wellen waren außerdem in 3 Vergütungsstufen geprüft worden: 1. Rockwellhärte 42...45 C, 2. Rockwellhärte 49...52 C, 3. Rockwellhärte 52...55 C. Nur eine Welle der härtesten Vergütungsstufe brach nicht quer, sondern wies einen unregelmäßigen spröden Bruch auf, teils in der Faserrichtung, teils als Trennbruch unter 45° zur Achse. Die von dieser Welle aufgenommene plastische Formänderung war nämlich zu gering, um die Vorbedingung für einen Querbruch zu schaffen, d. h. die Gleitung in der Querrichtung übertraf die Gleichung in der Längsrichtung nur wenig. Außerdem war durch die zu harte Vergütung der Einfluß der Faserstruktur zu stark hervorgehoben. Dies drückt sich auch in den ertragenen Schlagzahlen aus: während die Wellen der 1. Gruppe im Mittel 68 Schläge ertrugen (bleibende Verdrehung = 2340°), die Wellen der 2. Gruppe 57 Schläge (bleibende Verdrehung = 1240°), die Wellen der 3. Gruppe im Mittel 47 Schläge (bleibende Verdrehung = 690°), ging diese Welle schon nach 6 Schlägen bzw. 120° bleibender Verdrehung zu Bruch.

Abb. 42. 40 mkg-Pendelschlagwerk zur Schlagverdrehung von Wellen [33].

Liegen sehr scharfe Kerben oder Oberflächenverletzungen, wie Schleifriefen usw., in Richtung der größten Schubspannung vor, so treten besonders bei starken wechselnden Verformungen Schiebungsbruchanrisse im Schleifriefengrund auf, da bei der geringen Breite dieser Oberflächenverletzungen ein stärkeres Gleiten nur in ihrer Richtung und nicht senkrecht dazu erfolgen kann. Hierauf wird später noch ausführlich eingegangen.

3. Einfluß der Faserstruktur und der Schlackenzeilen.

Zeigt ein Werkstoff eine *Zeilenstruktur*, eine ausgesprochene *Faserrichtung* als Folge eines Walzvorganges, so ist in dieser Richtung schon oft von vornherein die Schubfestigkeit geringer. Die Wirkung einer solchen Zeilenstruktur wird dann besonders deutlich, wenn die durch die Beanspruchungsart bedingte Richtung größter Schubspannung mit der Faserrichtung zusammenfällt, d. h. in erster Linie bei Verdrehbeanspruchung von glatten Wellen. In diesem Falle kann so-

---

bevorzugt werden muß, weil hierbei die anfänglichen Gleitrichtungen nicht aus der Ebene größter Schubspannung herausgedreht werden.

wohl durch zügige Gleitungen als auch in noch verstärktem Maße durch wechselnde Gleitungen die Schubfestigkeit in der Faserrichtung so stark herabgesetzt werden, daß ein Bruch längs der Werkstoffaser eintritt. So zeigen Wellen von schlecht gewalztem geringwertigem Werkstoff, wie z. B. St 00.12, manchmal schon nach ganz kurzer Einwirkung von wechselnder Verdrehbeanspruchung Längsrisse von ziemlicher Tiefe, die sich über die ganze Welle erstrecken. Aber auch hochwertige vergütete Legierungsstähle können die gleiche Wirkung zeigen. Denn durch den Härtungsprozeß wird der von der Walzstruktur verursachte Unterschied der Schubfestigkeit und des Gleitvermögens in Längs- und Querrichtung noch verstärkt. Zuweilen treten die Längsrisse

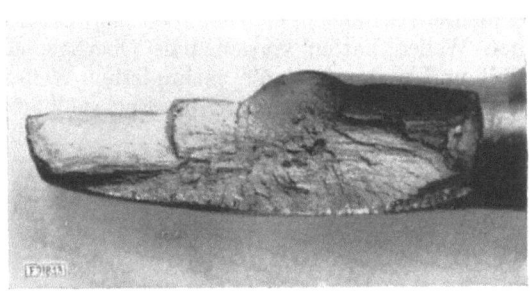

Abb. 43. Verdrehzeitbruch nach Ursprungsbeanspruchung (langwechsl. Beanspruchung).
(Cr-V-Federstahl; Anriß unter 45°, Bruchausbreitung in der Faserrichtung.)

infolge der Faserstruktur in so ausgeprägter Form auf, daß sie als Härtungsrisse bezeichnet werden können: durch einen nicht ganz einwandfrei durchgeführten Walzvorgang oder infolge übermäßig starker Schlackenzeilen liegen einige Werkstoffasern in etwas loserem Zusammenhang nebeneinander. Durch den Härtungsprozeß beim Vergüten wird dieser Zusammenhang fast vollständig gelöst. Äußerlich sind die Risse bei einem unbeanspruchten Stab noch nicht als solche zu erkennen, sie führen aber schon bei einer ganz geringen Beanspruchung zur Zerstörung des Werkstückes.

Bei wechselnder Verdrehbeanspruchung können Walzstruktur und Schlackenzeilen den Einfluß von Schleifriefen oder anderen unter 2. geschilderten Erscheinungen vollkommen überdecken, Verdrehzeitbrüche in Faserrichtung sind daher sehr häufig; lediglich bei starker Kerbwirkung mit hoher Spannungskonzentration und Fließbehinderung kann die Zeilenstruktur an der Auswirkung gehindert werden. Oft ist der Einfluß der Walzstruktur auf den endgültigen Bruchweg noch größer als gerade auf den ersten Anriß, Abb. 43.

Abb. 44. Bruchanriß in Längsrichtung bei zügiger (schlagartiger) Verdrehung einer Welle aus vergütetem Stahl mit starker Faserstruktur.
(Schiebungsbruch in der Faser infolge ungeeigneter Werkstoffbehandlung.)

Bei rein zügiger Beanspruchung ist der Einfluß der Faserstruktur im allgemeinen nicht sehr groß; da ja entweder, wie beim Zerreißversuch, die Belastungsrichtung mit der Faserrichtung zusammenfällt oder, wie beim Verdrehversuch, die Faser aus einer Richtung größter Schubspannung herausgedreht und in eine Richtung hineingedreht wird, in der senkrecht zur Faser nur Druckspannungen wirken. Immerhin sind schon bei zügiger Verdrehung von sehr hart vergüteten Federstählen Brüche aufgetreten, die als Schiebungsbrüche in Faserrichtung begonnen haben (Abb. 44), obwohl nach 2. ein Querbruch zu erwarten gewesen wäre. Im allgemeinen haben jedoch anfänglich beim zügigen Verdrehversuch auftretende Längsrisse auf die Festigkeit und Bruchausbildung keinen Einfluß. Sie können nur dann sehr gefährlich werden, wenn nach starker zügiger Ver-

Einfluß der Faserstruktur und der Schlackenzeilen.

drehung in einer Richtung plötzlich eine geringe Beanspruchung in entgegengesetzter Richtung auftritt, denn die Faserrisse liegen dann gerade in den Ebenen, auf die die größten Zugspannungen wirken.

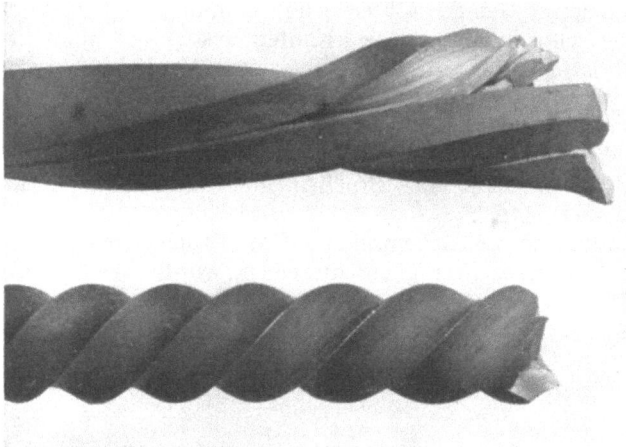

Abb. 45. Verdrehgewaltbrüche bei Vierkant-Federstahl.
Oben: Si-Mn-Stahl, angelassen bei 350°. Unten: Si-Mn-Stahl, angelassen bei 530°.

Die eben geschilderten Gewaltverdrehbrüche in Faserrichtung gehören durchaus zu den Ausnahmen; sie haben aber insofern praktische Bedeutung, als sie meist auf nicht einwandfreien Werkstoff oder ungünstige Werkstoffbehandlung hinweisen. Der zügige Verdrehversuch (Verwindeprobe) eignet sich daher besonders gut zur Gütebeurteilung von gewalztem oder gezogenem Stabmaterial, z. B. Schraubeneisen, oder zur Prüfung der einwandfreien Wärmebehandlung von Leichtmetallen [114].

In mehreren Versuchsreihen, die mit Federstählen von verschiedenen Lieferwerken durchgeführt wurden, konnte nachgewiesen werden, daß die Neigung zum Bruch in Faserrichtung mit härterer Vergütung, also mit abnehmender Anlaßtemperatur, zunimmt.

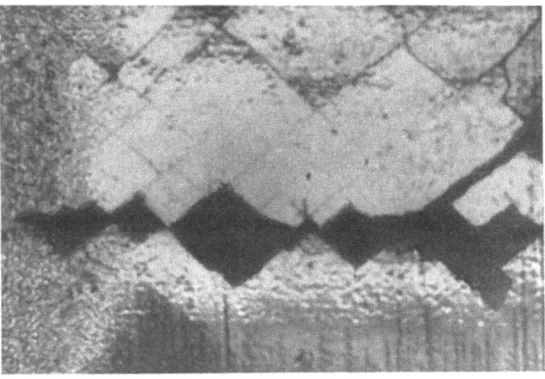

Abb. 46. Verdrehzeitbruch einer hartverchromten Welle.
Chromschicht: 45°-Brüche, Wellenwerkstoff: Längsbrüche.

Dies zeigt z. B. schon Abb. 41. Abb. 45 gibt weiterhin die Ergebnisse von zügigen Verdrehversuchen an Vierkantfederstahl wieder [115]. Bei diesem Vierkantstahl wird die Neigung zum Längsbruch noch dadurch verstärkt, daß längs der Flächenmittellinien die größte Schubspannung auftritt. Ein Längsbruch bleibt also immer im Gebiet größter Schubspannung, während ein Querbruch auch durch die schubspannungslosen Kanten des Stabes hindurchgehen muß.

Interessant ist auch der in Abb. 46 gezeigte Verdrehzeitbruch einer hartverchromten Welle. Der spröde Chromüberzug ist senkrecht zu den größten Zugspannungen aufgerissen, und zwar in beiden Richtungen unter 45°, weil es sich um reine Wechselbeanspruchung handelte. Unter den abgeblätterten Chromrechtecken ist ein längslaufender Bruch in der Faserrichtung des Wellenwerkstoffes zu erkennen [116].

Um den Einfluß der Schlackenzeilen auf die Bruchausbildung und besonders auch auf die Dauerverdrehfestigkeit zu zeigen, wurden Versuche an künstlich

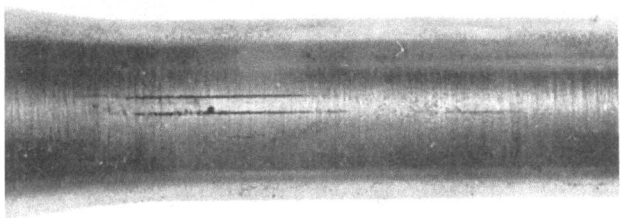

Abb. 47. Welle mit ausgeprägten Schlackenzeilen (künstlich verschlackt).
(Schlackenzeilen durch Magnetpulververfahren sichtbar gemacht.)

verschlacktem Material durchgeführt [117]. Es zeigte sich hierbei, daß die Schlackenzeilen schon vor der Beanspruchung mit Hilfe des Magnetpulververfahrens sichtbar gemacht werden konnten, Abb. 47. Der Bruch verlief später genau einer solchen Schlackenzeile entlang.

V. Einfluß des Spannungszustandes und der Spannungsverteilung auf die Bruchausbildung[1].

Daß die Art des Spannungszustandes wohl den größten Einfluß auf die Bruchausbildung hat, daß also ihr Einfluß den des Werkstoffes in vielen Fällen überwiegt, läßt sich leicht durch Beispiele belegen. So sehen wir, daß bei Biegung Dauerbrüche immer senkrecht zur Achse verlaufen, während z. B. bei verdrehbeanspruchten Wellen mit einer Querbohrung die Dauerbrüche fast ausnahmslos unter 45° zur Achse auftreten, wie Abb. 48 zeigt.

Von besonderer Bedeutung für die Bruchausbildung sind die folgenden Fälle von Spannungszuständen:

1. *Einachsiger Spannungszustand.* Er liegt vor bei Zug- und reiner Biegebeanspruchung von glatten Probestäben; weiterhin am Rande von Querbohrungen in Wellen bei Zug, Biegung und Verdrehung. Da die größte Zugspannung hierbei doppelt so groß wie die größte Schubspannung ist, erfolgt der Dauerbruch fast immer als Trennbruch senkrecht zur Zugrichtung. Der Gewaltbruch kann jedoch in diesem Fall auch als Schiebungsbruch unter 45° zur Zugrichtung ver-

---

[1] Die folgenden Gesetzmäßigkeiten gelten, wo nicht anders erwähnt, nur für zähen Werkstoff wie Stahl und haben auch im allgemeinen nur für den ersten Anriß Gültigkeit, da durch diesen der Spannungszustand in den meisten Fällen so grundlegend geändert wird, daß für das weitere Fortschreiten des Bruches andere Einflüsse maßgebend sind.

Einfluß des Spannungszustandes und der Spannungsverteilung.

laufen, wie die Brüche beim Zerreißversuch von dünnen Stahl- oder Leichtmetallblechen zeigen.

2. *Mehrachsiger Zug-Spannungszustand* und *mehrachsiger Druck-Spannungszustand*. Wie aus dem MOHRschen Kreis in Abb. 10 hervorgeht, sind hierbei die auftretenden Schubspannungen kleiner als beim einachsigen Spannungszustand (vgl. S. 13). Die Mehrachsigkeit bedeutet daher eine starke Formänderungsbehinderung. Gleitungen treten nur in geringem Maße auf. Unter der Wirkung von mehrachsigen Zug-Spannungen erfolgt der Dauerbruch immer, der Gewaltbruch in der Regel als Trennbruch [118].

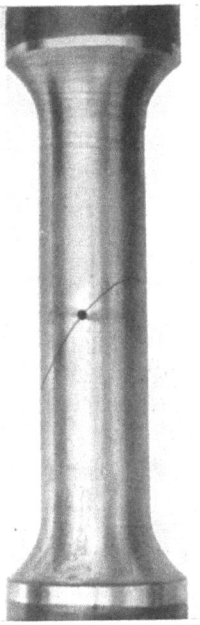

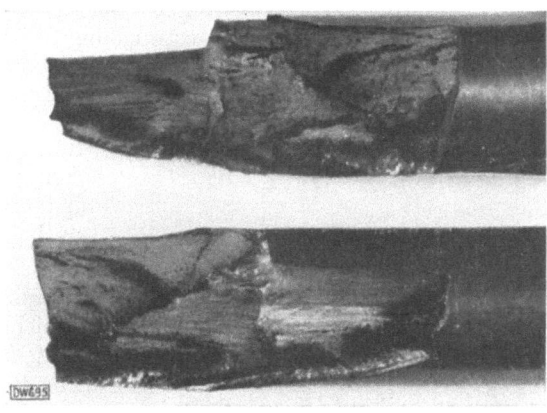

Abb. 48. Verdrehdauerbruch an einer Welle mit Querbohrung.

Abb. 49. Verdrehdauerbruch durch Ursprungsbeanspruchung [33]. Welle aus vergütetem Cr-V-Federstahl mit Faserstruktur.

3. *Spannungszustand bei Verdrehung*. Der Spannungszustand, der bei Verdrehung von glatten Wellen und Wellen mit Bund, Absatz oder Umlaufrille auf der Oberfläche auftritt, ist das Gegenstück zu einem mehrachsigen Zug-Spannungszustand. Während der mehrachsige Zug-Spannungszustand gleitbehindernd wirkt, fördert dieser Spannungszustand das Auftreten von Gleitungen, denn die größten Schubspannungen sind hier ebenso groß wie die größten Normalspannungen. Wegen der Gleichheit der Schub- und Zugspannungen ist die Bruchrichtung von der jeweiligen Oberflächenbeschaffenheit und der Faserstruktur des Werkstoffes usw. abhängig. Es treten die mannigfaltigsten Bruchformen auf und die Bruchfläche macht leicht einen regellosen Eindruck, Abb. 49. Der Verdrehbruch ist

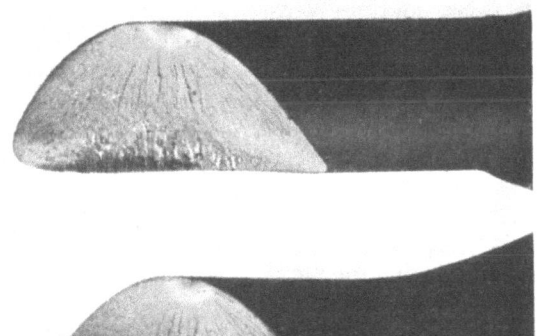

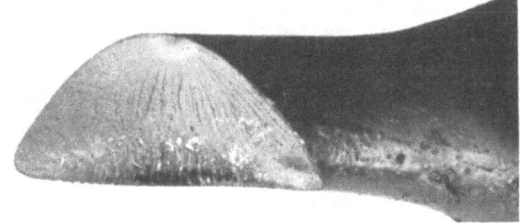

Abb. 50. Verdrehdauerbruch durch Ursprungsbeanspruchung. Welle aus vergütetem Cr-V-Federstahl.

meist nur dann ein Trennbruch unter 45° zur Achse, wenn sehr kleine Gleitungen stattfinden (s. S. 45 unter 1.), z. B. bei Dauerbeanspruchung mit hoher Vorlast (Ursprungsbeanspruchung, Schwellbeanspruchung), Abb. 50, oder bei Dauerwechselbeanspruchung und gleichzeitiger Fließbehinderung infolge Kerbwirkung, Abb. 51 (einige Werkstoffe zeigen jedoch auch bei glatten Stäben und reiner Wechselbeanspruchung einen Verdrehdauerbruch unter 45° zur Achse). Bei Verdrehursprungsbeanspruchung sind häufig Brüche zu beobachten, deren Anriß sich zunächst unter 45° zur Achse ausbreitet, dann aber in die Faserrichtung abschwenkt, Abb. 43. Die Lage des ersten Anrisses ist bei solchen Brüchen daran zu erkennen, daß sich der Bruch etwa gleichartig nach beiden Seiten von diesem Punkt aus fortpflanzt. Ist die Beanspruchung mit größeren Gleitungen verbunden, so verläuft der Bruch als Schiebungsbruch quer, längs oder treppenförmig, den Schleifriefen oder der Werkstoffaser folgend. Dies ist besonders bei kurzwechsliger Beanspruchung der Fall (Zeitbruch).

4. Neben der Art des Spannungszustandes ist aber auch die Gleichmäßigkeit der *Spannungsverteilung* von maßgebendem Einfluß auf die Bruchausbildung.

Abb. 51. Verdrehdauerbruchanrisse an einer Einspannstelle (Nabe entfernt) [130].

Eine sehr ungleichmäßige Spannungsverteilung, also ein steiler Abfall der Spannungsverteilungskurve, hat eine *fließbehindernde Wirkung*, weil die niedriger beanspruchten Teile eine Stützwirkung auf die höher beanspruchten ausüben. Die ungleichmäßige Spannungsverteilung hat daher die gleiche Wirkung auf die Bruchausbildung wie die Mehrachsigkeit.

5. *Bruchausbildung an Kerben.* Die Wirkung einer Kerbe beruht hauptsächlich darin, daß sie eine Spannungsspitze und damit eine ungleichmäßige Spannungsverteilung hervorruft. Die hiermit verbundene Fließbehinderung bestimmt den Bruchverlauf: im Kerbgrund treten also Trennbrüche auf, besonders ausgeprägt bei Biegewechselbeanspruchung, wo sie quer zur Achse verlaufen, und bei Verdrehwechselbeanspruchung, wo sie unter 45° zur Achse verlaufen. (Nur bei großen plastischen Formänderungen, bei denen die Spannungsspitze abgebaut wird, können auch andere Bruchformen vorkommen.)

Zu diesen Kerben, die im wesentlichen nur die Spannungsverteilung beeinflussen, gehören alle umlaufenden Kerben an Rundstäben, Wellenabsätze, außerdem Querbohrungen in auf Biegung oder Zug beanspruchten Wellen und in Annäherung auch Einspannstellen. Es gibt aber auch Kerben, durch die der Spannungszustand grundlegend geändert wird. Bei solchen Kerben ist natürlich die Bruchausbildung durch den gestörten Spannungszustand bedingt, wie die im folgenden als Beispiel behandelte Querbohrung in einer verdrehbeanspruchten Welle zeigt.

VI. Beispiele für die Bruchausbildung bei verschiedenen Spannungszuständen.

1. Bruch beim Zerreißversuch.

Als Beispiel für den Bruchverlauf bei statischer Beanspruchung kann der bei einem *Zerreißversuch* auftretende Bruch herangezogen werden: ein zügig belasteter zylindrischer Stab aus zähem Werkstoff schnürt sich nach anfänglich

Bruch beim Zerreißversuch.

gleichmäßiger Dehnung ein; dabei entsteht, ähnlich wie bei einem Stab mit umlaufender Rundkerbe, im Stabinnern an der Einschnürstelle ein mehrachsiger Spannungszustand (Zug in allen Raumrichtungen). Unter dessen fließbehindernder Wirkung tritt im Stabinnern bei Überschreiten der Kohäsionskräfte ein Trennbruch senkrecht zur Stabachse auf, wie die Versuche von P. LUDWIK gezeigt haben [119 ... 123], Abb. 52. Ist dieser Trennbruch nach außen um ein gewisses Maß fortgeschritten, so werden sich die äußeren Werkstoffteile, die nicht so stark mehrachsig verspannt sind und deren Trenn- oder Schubfestigkeit noch höher als der Gleitwiderstand liegt, durch Gleiten verformen. Die Gleitungen treten dabei in den von den Rändern des Trennbruches ausgehenden Kegelmantelflächen auf, und weil sich das Gleiten auf diese beiden Kegelmäntel beschränkt, muß der endgültige Bruch nach Überwinden der Schubfestigkeit in einer dieser beiden Flächen stattfinden, also einen Schiebungsbruch darstellen, Abb. 53. Der Bruch eines Zerreißstabes hat daher ein kraterförmiges

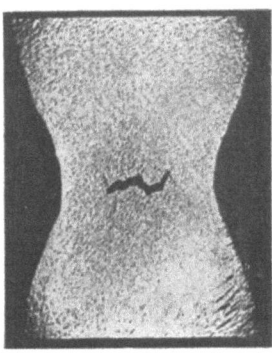

Abb. 52. Bruchbeginn an der Einschnürstelle eines Zerreißstabes (Aluminiumrundstab). Vergr. 3fach (nach Ludwik [120]).

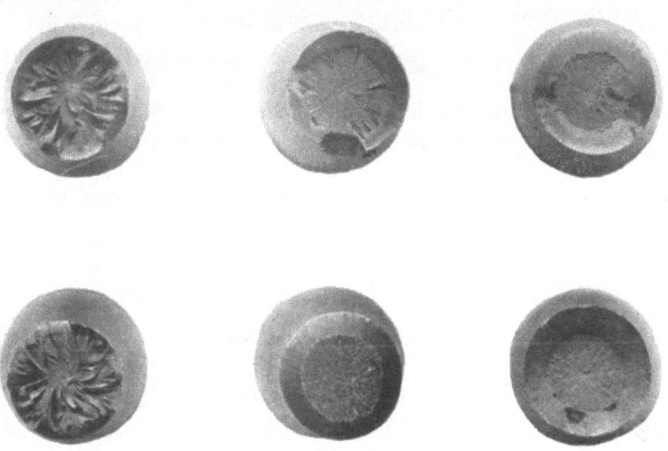

Abb. 53. Typische Zerreißbruchformen bei Rundstäben (vgl. die Ausführungen von O. Mohr [28] über die Bruchausbildung von Zerreißstäben).
Links: Zähharter Cr-V-Federstahl. Mitte: Harter Cr-V-Federstahl. Rechts: Sehr harter Cr-V-Federstahl.

Aussehen. Geht bei einem Zerreißstab der Bruch dagegen von der Oberfläche aus und schreitet er als Trennbruch senkrecht zur Stabachse weiter, so ist das ein Zeichen dafür, daß der Stab aus einem spröden Werkstoff besteht, oder daß der Stab schon plastisch vorbeansprucht, also unter weitgehender Erschöpfung seines Formänderungsvermögens verfestigt worden ist, oder auch, daß an der Oberfläche kleine Risse vorhanden sind. Abb. 54 zeigt den Zerreißbruch einer zügig vorverdrehten Welle; der Bruch geht von einem vorhandenen Anriß an der Oberfläche aus. Der Bruch besteht aus „Furchungsflächen" [124]. Der Zerreißversuch stellt ein gutes Mittel dar, um Dauerbruchansätze bei Probestäben festzustellen.

Abb. 54. Zerreißbruch eines vorverdrehten Stabes mit kleinem vorhandenen Anriß an der Oberfläche.

2. Verdrehdauerbrüche und Verdrehzeitbrüche an Wellenabsätzen, Nabensitzstellen und Rillenkerben.

Solche Verdrehzeitbrüche zeigen die Abb. 55 und 56; die sternförmige Bruchausbildung kommt dadurch zustande, daß ein entstehender Bruchanriß durch seinen schrägen Verlauf sehr bald aus dem gefährdeten Kerbgrund heraustritt und sich daher im Kerbgrund an einer anderen Stelle weitere Anrisse bilden;

meist sind die Anrisse regelmäßig verteilt. Man kann dabei feststellen, daß bei Verdrehwechselbeanspruchung kurz oberhalb der Dauerfestigkeit oft schon ein Anriß im Kerbgrund zum endgültigen Dauerbruch führt (Abb. 57), während bei höherer Überlastung, also im Gebiet des langwechsligen Zeitbruchs, das sternförmige Aussehen bevorzugt in Erscheinung tritt und manchmal Anrisse im Kerbgrund ziemlich gleichzeitig an mehreren Stellen entstehen.

3. Brüche an Keilwellen bei Verdrehbeanspruchung.

Abb. 55. Verdrehzeitbruch an einer Einspannstelle [130].

In der Praxis werden an Keilwellen (Vielnutwellen) *Gewaltbrüche* infolge zügiger Verdrehung nur selten beobachtet; sie unterscheiden sich im Aussehen kaum von den an glatten Wellen beobachteten Gewaltverdrehbrüchen. Treten derartige Brüche auf, so sind sie ein Zeichen dafür, daß der Querschnitt des genuteten Teiles zu schwach gegenüber dem glatten Wellenteil ist; bei richtiger Bemessung müßte nämlich ein Gewaltbruch nach zügiger Verdrehung im glatten Wellenteil liegen. Dagegen sind *Zeitbrüche* bei wechselnder schlagartiger Verdrehbeanspruchung mit hoher Überlast, oberhalb der Streckgrenze, schon häufiger.

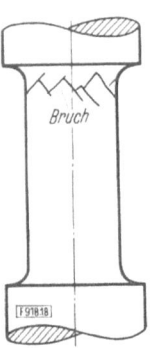 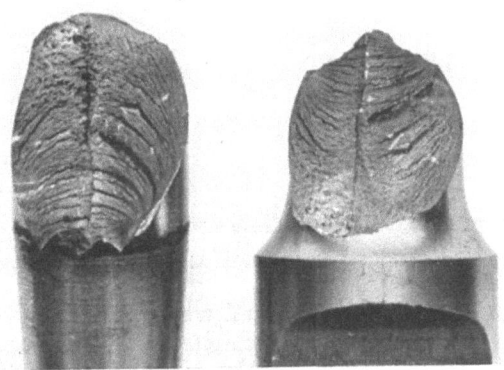

Abb. 56. Verdrehzeitbruch an einer Welle mit Hohlkehlenübergang.

Abb. 57. Verdrehdauerbruch an einer konischen Einspannstelle.

Es treten dabei in den Keilnutecken Längsrisse auf [80], ähnlich wie bei einem längsgeschliffenen, glatten, verdrehbeanspruchten Stab, Abb. 58. Am Ende dieser Längsrisse, durch die die Welle in ein Bündel lamellenartiger Fasern zerlegt wird, meist an irgendeiner Einspannstelle, wird durch Biegebeanspruchung in den einzelnen Lamellen der endgültige Bruch, ein Zeitbruch, hervorgerufen, Abb. 59. Bei *Dauerwechselbeanspruchung* mit geringer Überlast können die Verdrehbruchanrisse an Keilnuten je nach Werkstoff und Bearbeitung längs oder unter 45° zur Achse beginnen. Bei scharfen Ecken in den Keilnuten, wie sie bei der Bearbeitung durch Scheibenfräser entstehen, treten bevorzugt Längsrisse in der scharfen Kante auf (Schiebungsbrüche durch Gleiten in einer Richtung); bei der in der Praxis üblichen Bearbeitungsweise, die im Nutengrund Ausrundungen vorsieht, treten mehrere kleine Anrisse im Grund dieser Ausrundungen unter 45° auf (Trennbrüche infolge Fließbehinderung im Kerbgrund). Dies ist auch ein Beispiel dafür, daß Kerben von einer gewissen Schärfe ab plötzlich eine ganz andere Wirkung auf die Bruchausbildung ausüben können.

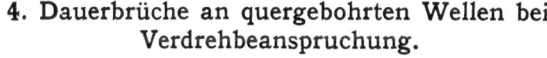

Abb. 58. Zeitbruch einer längsgeschliffenen Welle infolge starker plastischer Wechselverdrehung.
(St 37; vgl Bildtafel 75, Spalte B, 2. Reihe.)

Abb. 59. Zeitbruch an einer Keilwelle infolge mehrmaliger, schlagartiger Verdrehbeanspruchung in wechselnder Richtung. Längslaufende Schiebungsbrüche in den Nutenecken leiten den Bruch ein [17].

4. Dauerbrüche an quergebohrten Wellen bei Verdrehbeanspruchung.

Ein Querloch in einer verdrehbeanspruchten Welle verändert den Spannungszustand grundsätzlich, wie Abb. 27 zeigt. An den äußersten Punkten längs und quer treten überhaupt keine Spannungen auf, weder Schub- noch Normalspannungen; daher kann bei Verdrehbeanspruchung auch niemals ein Bruch längs oder quer beginnen, es sei denn, daß Eigenspannungen vorhanden sind, Abb. 60 [29, 59]. Die größten Spannungen am Querloch treten an den Endpunkten der unter 45° zur Stabachse liegenden Durchmesser auf, und zwar sind es Zug- bzw. Druckspannungen (es liegt an diesen Stellen ein einachsiger Spannungszustand vor). Unter der Wirkung dieser Zugspannungen tritt der erste Anriß immer unter 45° auf, bei Wechselbeanspruchung sind oft sogar zwei aufeinander senkrecht stehende Anrisse zu beobachten. Meist verläuft dann auch der endgültige Bruch ziemlich glatt unter 45°, Abb. 48.

Bei Biegebeanspruchung tritt der Dauerbruch am Querloch senkrecht zur Achse auf, bei Verdreh-

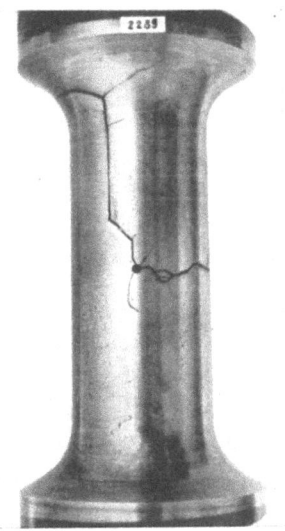

Abb. 60. Verdrehdauerbruch an einem gedrückten Stab mit Querbohrung (Wirkung der Eigenspannungen).

56   Gewaltbruch, Zeitbruch und Dauerbruch.

beanspruchung unter 45° zur Achse. Bei kombinierter Biege- und Torsionsbeanspruchung lassen sich Dauerbrüche in beliebigem Winkel zwischen 45° und 90° zur Achse erzeugen, je nach dem gewählten Verhältnis von σ_{nb} zu τ_n [125...127].

5. Dauerbrüche bei Druck-Ursprungsbeanspruchung. („Druckdauerbrüche", hervorgerufen durch Zugeigenspannungen.)

In den vorangehenden Abschnitten waren nur Brüche betrachtet worden, die durch Zugspannungen oder Schubspannungen entstanden waren. Daneben sind

Abb. 61. Gummimodell eines einseitig eingespannten Stabes bei Biegung.

aber auch manchmal Brüche zu beobachten, die bei wiederholter Druckbeanspruchung senkrecht zur Druckrichtung auftreten, also scheinbar durch Druckspannungen erzeugt sind. Auf diese Brüche, deren wirkliche Ursachen bisher nur wenig erforscht sind [128, 129], soll noch kurz eingegangen werden.

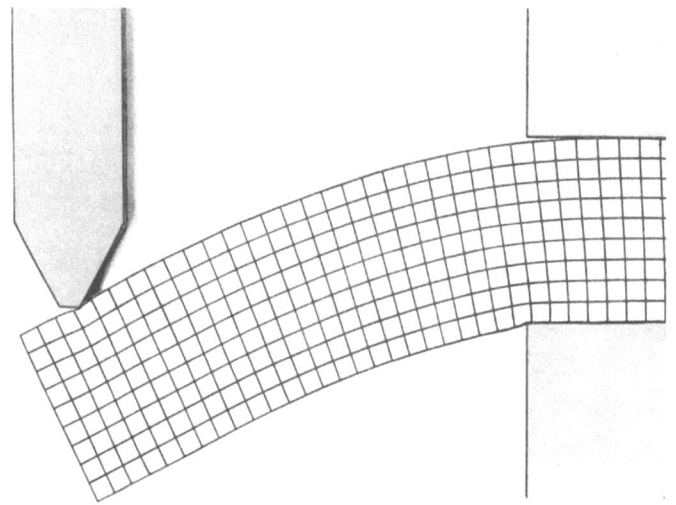

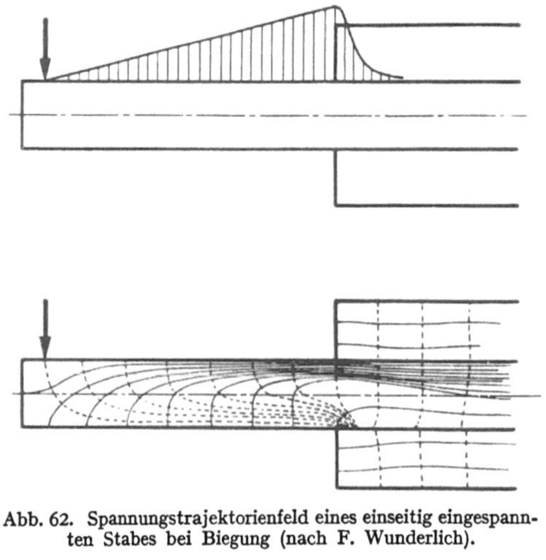

Abb. 62. Spannungstrajektorienfeld eines einseitig eingespannten Stabes bei Biegung (nach F. Wunderlich).

Zuerst wurden diese Druckdauerbrüche bei eingespannten, durch Ursprungsbiegung beanspruchten Flachstäben beobachtet. Insbesondere F. WUNDERLICH [129] hat festgestellt, daß bei solchen, durch einseitige Biegung belasteten Flachstäben die Dauerbrüche an den Einspannstellen zuerst auf der Druckseite beginnen. Es zeigte sich, daß der Anriß auf der Druckseite nach einer gewissen Zeit zum Stillstand kommt und daß sich dann auf der Zugseite ein zweiter Anriß ausbildet, der den endgültigen Bruch einleitet. WUNDERLICH führt den ersten Anriß auf der Druckseite darauf zurück, daß auf der Druckseite eine stärkere Zermürbung des Werkstoffes stattfindet, weil dort die Ebenen mit der größten Schubspannung ihre Richtung ständig ändern.

Um diese Anschauung von der Entstehung der Druckdauerbrüche zu überprüfen, wurden an gekerbten, durch Druck beanspruchten Proben versuchsmäßig Druckdauerbrüche erzeugt. Dabei hat sich herausgestellt, daß das Auftreten der Druckdauerbrüche auf Zugeigenspannungen zurückzuführen ist.

Bei einem einseitig eingespannten Stab entsteht auf der Druckseite eine höhere Beanspruchung als auf der Zugseite, denn auf der Zugseite wird durch die Biegeverformung der Einspanndruck gemildert (der Stab kann sich sogar etwas von den Spannbacken abheben), während auf der Druckseite der Einspanndruck örtlich ganz erheblich verstärkt wird, wie das Gummimodell in Abb. 61 erkennen läßt[1]. Auch der Verlauf der Spannungstrajektorien in Abb. 62 zeigt, daß auf der Zugseite fast keine Kerbwirkung vorhanden ist, die Trajektorien verlaufen hier ohne Richtungsänderung in der Einspannung weiter, während auf der Druckseite eine starke Richtungsänderung der Spannungstrajektorien und daher auch des Kraftflusses festzustellen ist [129]. Diese starke Beanspruchungserhöhung auf der Druckseite bewirkt bei der Biegebelastung ein örtliches Fließen (plastisches Zusammendrücken). Bei der Entlastung entstehen dadurch Zugeigenspannungen.

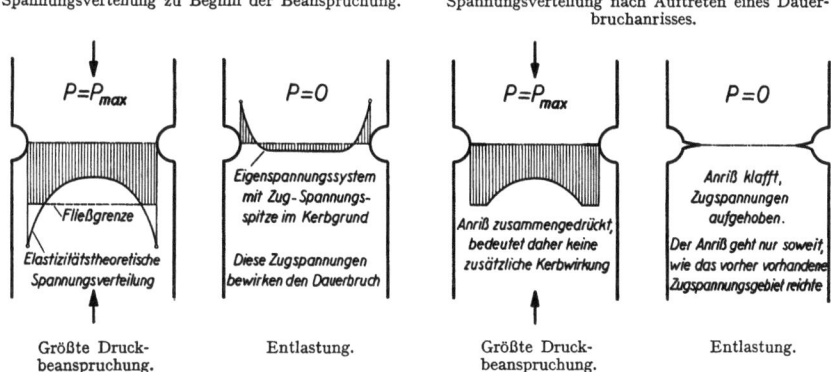

Abb. 63. Spannungsverteilung in einem gekerbten Rundstab bei Druck-Ursprungsbeanspruchung.

Auf der Druckseite liegt also in Wirklichkeit keine reine Druckursprungsbeanspruchung vor, sondern eine Beanspruchung, die zwischen Druckspannungen und Zugeigenspannungen ständig wechselt [17]. Diese wechselnden Zugeigenspannungen erzeugen den Dauerbruchanriß. In dem Maße, wie dieser Anriß sich ausbreitet, nehmen natürlich die Zugeigenspannungen ab; daher kommt der Anriß zum Stillstand, wenn er so weit fortgeschritten ist, wie das vorher vorhandene Gebiet der Zugeigenspannungen reichte. Bei der Belastung der Probe kann kein erneutes Fließen eintreten, denn die Bruchanrißflächen werden zusammengedrückt, es ist gerade so, als ob kein Anriß vorhanden wäre.

In Abb. 63 ist die Entstehung des Druckdauerbruchanrisses noch einmal schematisch dargestellt, und zwar für einen ringgekerbten Stab bei Druckursprungsbeanspruchung. Der in Abb. 64 rechts wiedergegebene Druckdauerbruch zeigt, daß der Anriß tatsächlich nach einer gewissen Tiefe zum Stillstand kommt. Das Bild wurde dadurch erhalten, daß ein Rundstab mit umlaufender Halbkreiskerbe (Abb. 64, links) nach einer Belastungsdauer von 20 Millionen Lastspielen zerrissen wurde. Der Druckstab, der aus St 37 bestand, war einer Beanspruchung von $\sigma_n = -12 \pm 12$ kg/mm² unterworfen; nach etwa 2 Millionen

---

[1] Die Besonderheit des Spannungszustandes auf der Druckseite wird ausführlich in einer Arbeit von K.-H. SAUL [130] behandelt.

Lastspielen war ein Bruchanriß im Kerbgrund festzustellen (Abb. 65). Die Druckursprungsbeanspruchung wurde dann noch um weitere 18 Millionen Lastspiele fortgesetzt, ohne daß sich irgendwelche Änderungen an der Probe zeigten [29].

Die gleichen Erscheinungen wurden an gehärteten Proben aus Cr-V-Federstahl gefunden, lediglich mit dem Unterschied, daß der Druckdauerbruch-

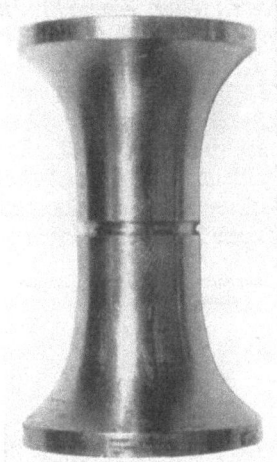
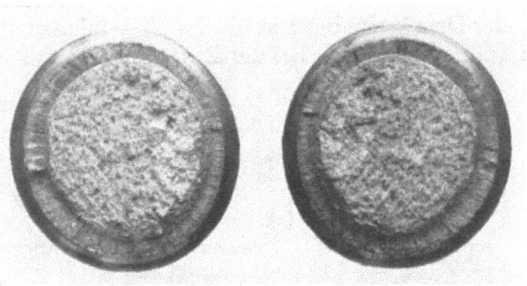

Abb. 64. Druckdauerbruchanriß an einer ringgekerbten Probe, durch nachträgliches Zerreißen der Probe sichtbar gemacht.

anriß und auch der beim nachträglichen Zerreißen entstehende Gewaltbruch feinkörniger waren, und daß der Druckdauerbruch eine wesentlich geringere Tiefe aufwies. Auch bei St 70 konnten an gekerbten Proben durch Ursprungsbiegung Druckdauerbruchanrisse erzeugt werden. Abb. 66 zeigt einen solchen Druckdauerbruchanriß an einem Querloch. (Damit die Probe nicht vorzeitig durch einen Zugdauerbruch von der anderen Seite aus zu Bruch ging, wurde das Querloch auf der Druckseite nur bis zur Mitte des Stabes gebohrt; außerdem wurde ein Halbkreisquerschnitt gewählt, so daß auf der Zugseite die Nennspannung um 35% geringer war als auf der Druckseite.)

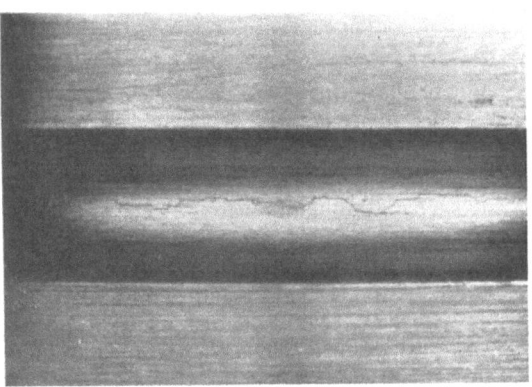

Abb. 65. Druckdauerbruchanrisse im geschmirgelten Kerbgrund einer umlaufenden Halbkreiskerbe.

Ist ein Druckdauerbruchanriß einmal zum Stillstand gekommen, so breitet er sich zwar manchmal bei Erhöhung der Druckursprungsbeanspruchung noch ein wenig weiter aus, er dehnt sich aber nie über den ganzen Querschnitt aus, selbst nicht bei noch so hoher Druckbeanspruchung. Abb. 67 zeigt einen Rundstab mit Halbkreiskerbe, der einer Druckursprungsbeanspruchung unterworfen war, die die Zugfestigkeit des Werkstoffes weit überstieg. Der Stab riß im Kerbgrund an, er brach aber nicht endgültig auseinander; bei jeder Erhöhung der Last wurde er etwas mehr zusammen-

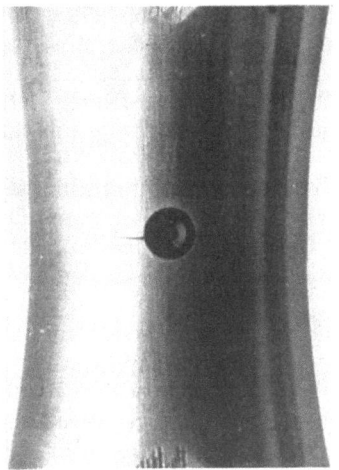

Abb. 66. Druckdauerbruchanriß an einem Querloch bei Ursprungsbiegung.
Links: Anriß auf der Druckseite, durch Magnetpulververfahren sichtbar gemacht. Rechts: Anriß durch nachträgliches Zerreißen sichtbar gemacht.

gestaucht. Nach dem Zerreißen des Stabes war eine Druckdauerbruchfläche zu sehen, die sich kaum von der in Abb. 64 dargestellten unterschied. Bei glatten Stahlstäben lassen sich keine Druckdauerbrüche erzielen; die Probestäbe werden lediglich durch die Druckbeanspruchung zusammengestaucht.

Derartige Versuche zur Erzeugung von Dauerbrüchen bei Druckursprungsbeanspruchung und zur Bestimmung der Druckdauerfestigkeit von gekerbten Proben sind mit sehr großen Schwierigkeiten verknüpft, da sich eine genau mittige Druckbeanspruchung bei vielen Prüfmaschinen nur schwer erzielen läßt und da zur Vermeidung der Knickgefahr nur kurze Druckproben verwendet werden können. Die geringste Außermittigkeit der Druckbelastung führt zu einem einseitig sichelförmigen Anriß, und infolge der zusätzlichen Biegung sinkt die Druckdauerfestigkeit ganz erheblich herab.

Abb. 67. Gekerbter Probestab bei Druck-Ursprungsbeanspruchung.
Links: Vor der Beanspruchung (St 37 mit $\sigma_B = 40$ kg/mm^2).
Rechts: Nach $13 \cdot 10^6$ Lastspielen mit $\sigma_{Ur} = -30 \pm 30$ kg/mm^2.

VII. Beeinflussung des Bruchverlaufes durch Oberflächenverletzungen, Wirkung der Schleifriefen.

Punktförmige Oberflächenverletzungen haben den gleichen Einfluß auf die Bruchausbildung wie die auf S. 55 besprochenen Querbohrungen; der Anriß, der von ihnen ausgeht, verläuft also senkrecht zu den größten Zugspannungen. An und für sich kommen punktförmige Oberflächenverletzungen ziemlich selten vor. Manchmal jedoch trifft man bei vergüteten Stählen auf punktförmige Schlackennester an der Oberfläche, die zum Ausgangspunkt eines Trenndauerbruches werden können, Abb. 68. Auch punktförmige Rost- und Korrosionsstellen wirken in ähnlicher Weise. Körnermarken und andere, durch plastisches Eindrücken entstandene Oberflächenverletzungen haben dagegen meist gar keinen Einfluß auf die Bruchausbildung; selbst der Dauerbruch beginnt in der Regel nicht an einer solchen Stelle, weil das Eindrücken den Werkstoff kaltverfestigt und außerdem Druckeigenspannungen erzeugt.

Größeres Interesse beanspruchen in diesem Zusammenhang natürlich strichförmige Oberflächenverletzungen, wie Schleifriefen. Alle praktisch ausgeführten Oberflächen besitzen nämlich diese Schleif- und Bearbeitungsriefen in mehr oder weniger stark ausgeprägtem Maße und weichen daher von dem idealen Zustand der polierten Oberfläche oft erheblich ab.

Der Einfluß der Schleifriefen auf die Festigkeit ist nur wenig untersucht worden. Selbst die Erfahrung, daß es bei Biege- oder Zugbeanspruchung immer zweckmäßig ist, die Bearbeitungsrichtung senkrecht zu der wahrscheinlichen Bruchrichtung zu wählen, ist kaum bekannt, obwohl durch Beachtung dieser Regel in manchen Fällen eine wesentliche Verbesserung der Festigkeit erzielt werden kann, besonders bei Wechselbeanspruchung im Gebiet der Zeitfestigkeit [131...133].

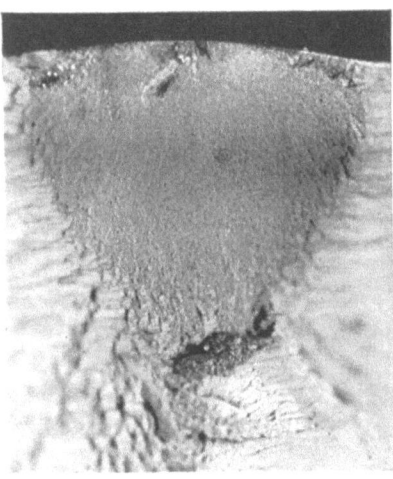

Abb. 68. Bruchansatz an einem Werkstoffehler bei Verdreh-Ursprungsbeanspruchung. Der Dauerbruch geht von einem Schlackeneinschluß an der Oberfläche aus; er verläuft zunächst unter 45° zur Achse, um dann in der Werkstoffaser weiterzulaufen.

Der Einfluß von Schleifriefen auf die Bruchausbildung ist bisher meist ganz übersehen worden. Dies hat zum Teil seinen Grund darin, daß die meisten Untersuchungen über Brucherscheinungen bei Biegung oder Zug-Druck durchgeführt worden sind. Bei diesen Beanspruchungen liegen die Schleifriefen, wie sie bei der üblichen Bearbeitungsweise der Probestäbe auftreten, quer zur Achse, also senkrecht zu den größten Zugspannungen, so daß der Bruch ohnehin in die Richtung der Schleifriefen fällt. Ein Hinweis darauf, in welchem Maße Schleifriefen den Bruchverlauf bestimmen können, läßt sich aus solchen Versuchen nicht erhalten. Führt man dagegen die Untersuchungen über den Einfluß von Schleifriefen auch an verdrehbeanspruchten Wellen durch, dann zeigen sich leicht eine Reihe von Gesetzmäßigkeiten über die Schleifriefenwirkung, mit deren Hilfe man auch alle die Brucherscheinungen, die den bisherigen Bruchtheorien zuwiderlaufen, wie z. B. glatte Querdauerbrüche an wechselverdrehten Wellen, erklären kann.

1. Beispiele für die Schleifriefenwirkung.

Abb. 69 zeigt, daß der ungewöhnliche Verlauf von Verdrehdauerbrüchen und Verdrehzeitbrüchen quer zur Achse lediglich eine Folge der Oberflächenbearbeitung ist: Der Bruch folgt dem Grund der Schleifriefen in der Querrichtung. Die Abbildung oben zeigt eine quergeschliffene Welle; die Schleifriefen verlaufen schraubenförmig mit ganz geringer Steigung. Man erkennt, daß der Bruch (in diesem Fall ein Zeitbruch bei höherer Überlastung) auf dem ganzen Umfang einer Schleifriefe folgt. Auf der Abbildung unten ist eine Welle aus dem gleichen Werkstoff dargestellt, die zu Versuchszwecken längsgeschliffen wurde. Auch hier folgt der Bruch, soweit der mittlere eingezogene Teil der Welle reicht, einer Schleifriefe. Der Bruchverlauf bestätigt also die Anschauung über die Schleifriefenwirkung.

Noch eindrucksvoller zeigt Abb. 70, in welcher Weise Schleifriefen in Schubspannungsrichtung den Bruchverlauf beeinflussen können. Sie können sogar in solchen Fällen einen Schiebungsbruch verursachen, in denen im allgemeinen ein Trennbruch senkrecht zu den größten Normalspannungen zu erwarten ist. So ist es bisher als selbstverständlich angesehen worden, daß durch wechselnde Biegung oder durch wechselnden Zug oder Druck beanspruchte Stäbe immer genau senkrecht zur Beanspruchungsrichtung brechen. Dennoch können die Bruchanrisse auch unter 45° zur Achse ihren Weg nehmen, wenn, wie bei dem Stab in Abb. 70, die Schleifriefen unter 45° zur Achse liegen. Derartige Brüche

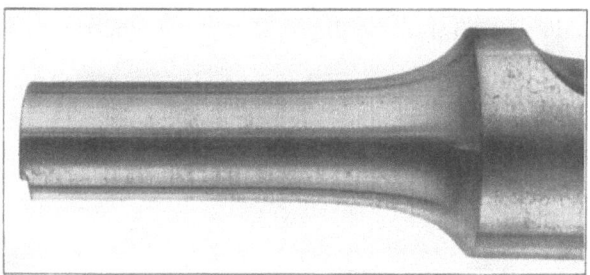

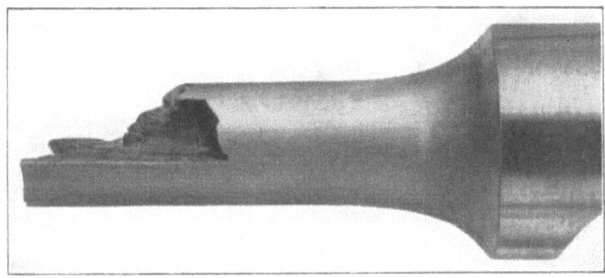

Abb. 69. Verdrehzeitbruch an einer quergeschliffenen und einer längsgeschliffenen Welle bei reiner Wechselbeanspruchung.
Abb. 69a (oben): Quergeschliffene Welle. Erster Anriß nach 5000 Verformungsspielen. Bruch nach 5040 Verformungsspielen mit gleichbleibendem Verformungsausschlag. (Vgl. Bildtafel 75, Spalte A, 3. Reihe.)
Abb. 69b (unten): Längsgeschliffene Welle. Erster Anriß nach 5500 Verformungsspielen. Endgültiger Bruch nach 24000 Verformungsspielen mit gleichbleibendem Verformungsausschlag. (Vgl. Bildtafel 75, Spalte B, 3. Reihe.)

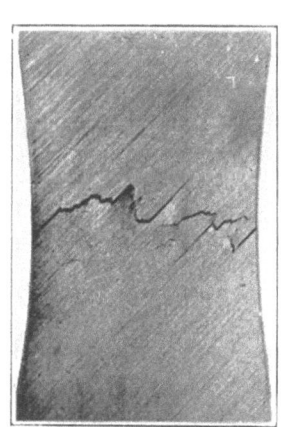 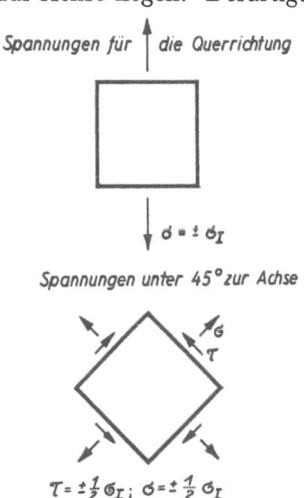

Abb. 70. Biegezeitbruch an einem unter 45° geschliffenen Flachstab (nach 5000 Lastspielen).

bieten allerdings kein ausgesprochen praktisches Interesse, sie dienen lediglich dem Forschungsingenieur zum Überprüfen seiner Anschauungen. Abb. 70 zeigt

62 Gewaltbruch, Zeitbruch und Dauerbruch.

einen Biegezeitbruch mit Bruchanrissen unter 45° zur Achse, also in Richtung der größten Schubspannungen. Die Anrisse erfolgten in dieser Richtung, obwohl hier bei Biegebeanspruchung die unter 45° zur Achse wirkenden Schubspannungen nur halb so groß sind wie die senkrecht zur Querrichtung wirkenden Zugspannungen.

Abb. 71. Von der Firma C. Schenck, Darmstadt, gebaute Flachbiege- und Verdrehmaschine mit Einrichtung zur Wechselbiegung von Rundstäben.

2. Versuche zur Klärung des Schleifriefeneinflusses.

Um im einzelnen festzustellen, unter welchen Bedingungen der Bruch die Richtung der Schleifriefen bevorzugt, wurden mehrere Versuchsreihen bei Umlaufbiegung, wechselnder Flachbiegung (Abb. 71) und wechselnder Verdrehung (Abb. 72) durchgeführt. Die verwendeten glatten Stäbe bestanden aus einem weichen C-Stahl (St 37) und aus Cr-V-Federstahl im Anlieferungszustand (geglüht)[1]; die Verdrehstäbe hatten die in Abb. 73 gezeigten Formen. Die Probestäbe mit langer Meßstrecke mit gleichbleibendem Durchmesser waren für Bearbeitung von Hand vorgesehen; die Meßstrecke wurde erst von der Maschine quergeschliffen, dann von Hand entweder längs oder quer mit Schmirgelpapier M nachgeschliffen. Die Probestäbe mit kreisbogenförmig eingezogener Meßstrecke, die in gleicher Ausführung auch bei den Biegeversuchen verwendet wurden, wurden mit Hilfe

Abb. 72. Schencksche Flachbiege- und Verdrehmaschine mit Verdrehbock zur Durchführung von Zeitfestigkeitsversuchen mit großer plastischer Formänderung.
a Probestab. b Winkelskala mit Nonius. c Torsionsdynamometer mit Meßuhren.

---
[1] Bei vergüteten Stählen ist der Einfluß der Schleifriefen auf die Bruchausbildung und die Festigkeit noch erheblich größer als bei den untersuchten Stählen.

Versuche zur Klärung des Schleifriefeneinflusses.

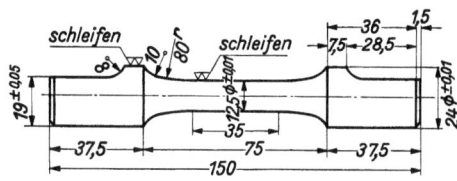
Dauerverdrehstab glatt mit Entlastungsübergang (zum Schleifen von Hand).

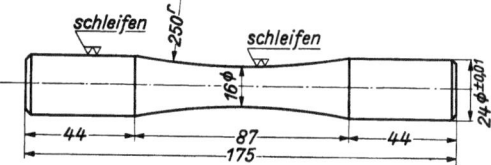
Dauerbiegestab glatt, kreisbogenförmig eingezogene Meßstrecke (zum maschinellen Schleifen mit der Schleifvorrichtung).

Abb. 73. Probestabformen zur Untersuchung des Schleifeinflusses.

Abb. 74. Schleifvorrichtung zum Quer-, Längs- und Schrägschleifen von kreisbogenförmig eingezogenen Wellen. Oben: Schleifspindel waagerecht geschwenkt zum Querschleifen. Links: Schleifspindel senkrecht geschwenkt zum Längsschleifen. Rechts: Schleifspindel unter 45° geneigt zum Schrägschleifen.

64   Gewaltbruch, Zeitbruch und Dauerbruch.

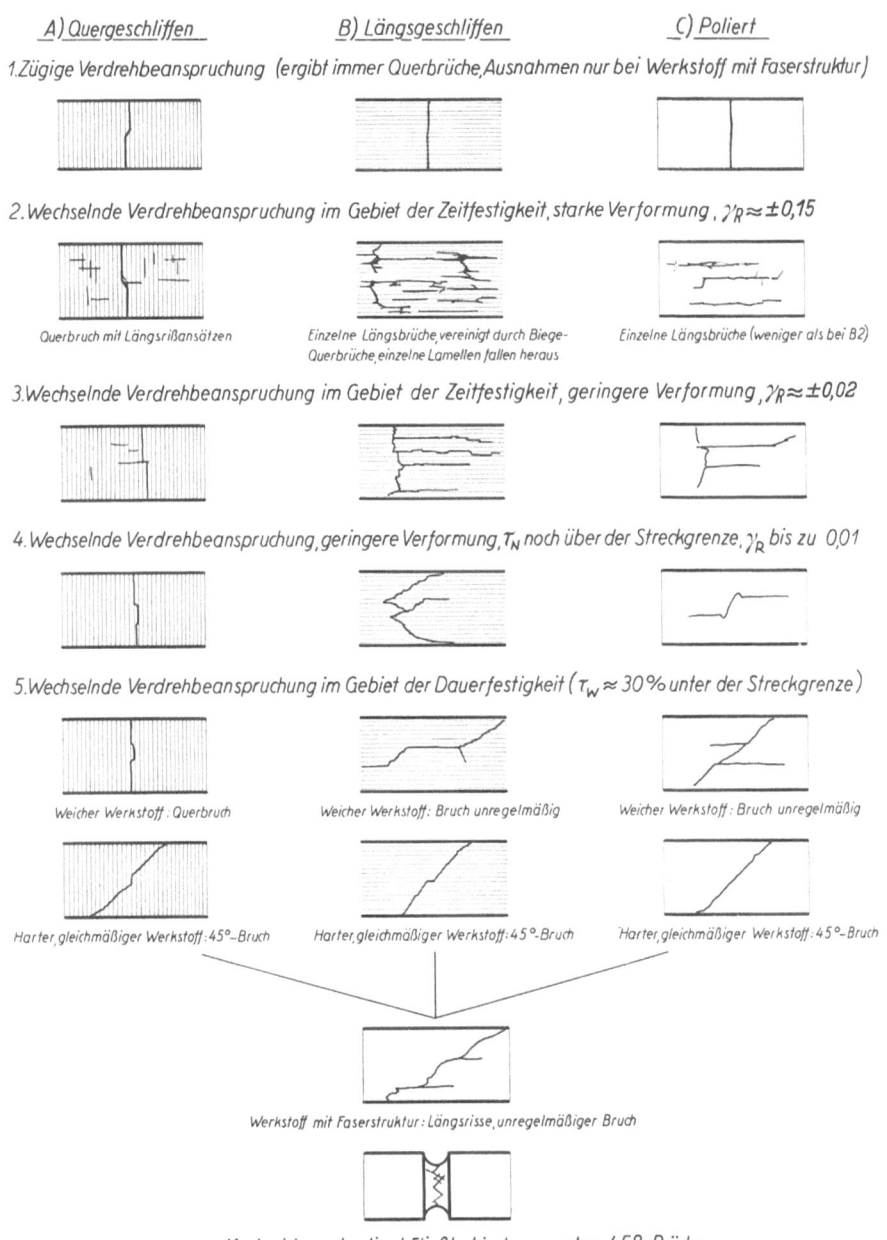

Abb. 75. Zusammenstellung einiger Verdrehbruchformen in Abhängigkeit vom Beanspruchungsverlauf und der Oberflächenbeschaffenheit.
Werkstoff: Zäher Stahl (St 37, geglühter und vergüteter Cr-V-Federstahl).

einer besonders zu diesem Zweck gebauten Schleifmaschine bearbeitet, Abb. 74. Diese Maschine ermöglichte es, unter den gleichen Bedingungen in jeder beliebigen Richtung zu schleifen; für die Versuche wurden die Probestäbe längs, quer und unter 45° zur Achse geschliffen; benutzt wurde dabei eine Korundschleifscheibe, Härte K-Z, Körnung 120. Die Bearbeitung war derart gleichmäßig, daß sich mit bloßem Auge nicht erkennen ließ, ob die Stäbe längs, quer oder unter 45° geschliffen waren[1].

Bei diesen Versuchen konnte hinsichtlich des Bruchverlaufes folgendes festgestellt werden:

a) Bei *zügiger Verdrehbeanspruchung* besteht kein ausgesprochener Einfluß der Schleifriefen auf die Bruchausbildung. Wohl gehen bei quergeschliffenen Wellen große Teile der Bruchfläche von den Schleifriefen aus, und oft folgt sogar der ganze Bruch außen an der Wellenoberfläche einer einzigen, spiralig mit geringer Steigung umlaufenden Schleifriefe (Bildtafel 75, Spalte A, Reihe 1), aber auch bei längsgeschliffenen und bei polierten Wellen liegt der Verdrehgewaltbruch im großen und ganzen quer und ist ziemlich glatt (Bildtafel 75, B 1, C 1).

b) Bei *wechselnder Verdrehbeanspruchung mit großer Überlast*, also bei starken plastischen Formänderungen, weisen die in der üblichen Weise quergeschliffenen

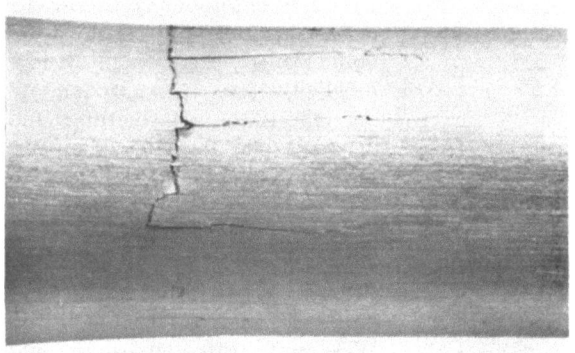

Abb. 76. Verdrehzeitbruch einer längsgeschliffenen Welle. (Weicher Cr-V-Stahl, vgl. Bildtafel 75, Spalte B, 3. Reihe.)

Abb. 77. Verdrehzeitbruchanrisse an einer längsgeschliffenen Welle (Welle unter 45° durchgesägt, poliert und geätzt).

Wellen Querbrüche auf, die ziemlich glatt sind und meist einer Schleifriefe auf dem ganzen Umfang folgen. Zwischen diesen Brüchen und den Querbrüchen bei zügiger Verdrehung ist praktisch kein Unterschied. Dagegen treten bei längsgeschliffenen Wellen zunächst nur Längsrisse auf, und zwar nacheinander an mehreren, auf dem Umfang ziemlich gleichmäßig verteilten Stellen, Abb. 58 und Abb. 76 (Abb. 58 entspricht Bildtafel 75, B 2, Abb. 76 entspricht Bildtafel 75, B 3). Diese Anrisse lassen sich deutlich sichtbar machen, wenn man einen Schnitt durch eine solche wechselverdrehte längsgeschliffene Welle poliert und ätzt. Auf diese Weise wurde das in Abb. 77 dargestellte Schliffbild erhalten, es zeigt, daß die Anrisse ziemlich regelmäßig verteilt sind [134]. Wenn die Längsrisse in den Schleifriefen eine gewisse Länge erreicht haben, erfolgt der endgültige Bruch, ähnlich wie der Verdrehbruch bei einer entsprechend belasteten Vielnutwelle, durch querliegende Biegebrüche in den einzelnen Lamellen. Abb. 78 gibt die Entstehung von solchen Lamellen und Längsbrüchen schematisch wieder.

---

[1] Aus diesem Grunde lag auch die Dauerbiegefestigkeit der maschinell-längsgeschliffenen Proben nur um etwa 5% höher als bei den maschinell-quergeschliffenen Wellen. Das Schleifen von Hand gab schlechtere Werte für die Dauerbiegefestigkeit. Der Unterschied betrug bei weichem Stahl etwa 10%. Der Einfluß von langen Schleifriefen, wie sie bei dem Schleifen von Hand entstehen, ist also weit größer als der Einfluß der kurzen Schleifriefen bei der Maschinenbearbeitung.

Polierte Wellen zeigen bei wechselnder Verdrehbeanspruchung etwa die gleichen Brucherscheinungen wie Wellen mit längslaufenden Schleifriefen; es entstehen jedoch weniger Anrisse, und die Risse weichen mitunter auch etwas von der Längsrichtung ab. In der Bildtafel 75 sind die häufigsten Verdrehbruchformen bei quer- und längsgeschliffenen und polierten Wellen in Abhängigkeit von der Höhe der wechselnden Beanspruchung zusammengestellt. Abb. 79 bringt verschiedene Ansichten von Verdrehzeitbrüchen an quer- und längsgeschliffenen Wellen.

Bei wechselnder Verdreh-Zeitbeanspruchung gibt es also zwei vollkommen verschiedene Bruchmöglichkeiten, je nach der Art der Oberflächenbearbeitung und der Stärke der Walzstruktur. Dieser Unterschied verliert sich bei manchen Stählen mit abnehmender Belastung. Wenn die Verdrehbeanspruchung nur wenig über der Dauerfestigkeit liegt, so daß nur kleine Gleitungen im Werkstoff auftreten, dann sind unter Umständen auch bei quergeschliffenen Proben Längsrisse unter dem Einfluß der Walzstruktur zu beobachten.

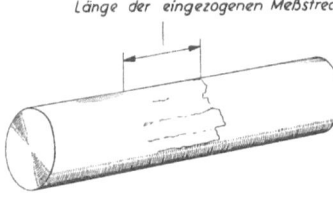
Anrisse längs der Welle, Eindringen der Längsrisse in das Welleninnere (verbunden mit Lastabfall bei gleichbleibendem Verformungsausschlag).

Entstehung von Biegequerbrüchen am Ende der Längsrisse, Herauslösen einzelner Lamellen.

Endgültiger Bruch: zwei kegelförmige, sektorartig gegliederte Bruchflächen und einzelne Lamellen.

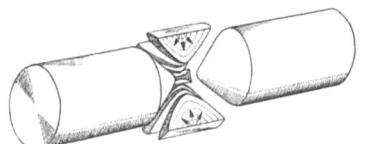
Schematische Darstellung des Eindringens der Längsrisse in das Stabinnere.

Abb. 78. Entstehung der gegliederten Längs- und Querbrüche unter dem Einfluß von Längsschleifriefen, scharfen Längskerben oder Faserstruktur.
(Die an der Bruchstelle sich beiderseits anschließenden Übergänge zum Kopf sind hier nicht angedeutet.)

Abb. 79. Bruchformen von Verdrehzeitbrüchen an weichem Cr-V-Stahl.
Obere Reihe: Quergeschliffene Wellen nach 2000, 14000 und 280000 Lastspielen. Untere Reihe: Längsgeschliffene Wellen nach 6000 und 34000 Lastspielen.

c) Bei *Dauerverdrehbeanspruchung* mit geringer Überlastung ist der Einfluß der Schleifriefen weniger stark ausgeprägt; meist überwiegt der Einfluß der Walzstruktur auf die Bruchausbildung (Bildtafel 75, Reihe 7). Nur bei wenigen Werkstoffen, z. B. bei weichen C-Stählen, laufen die Verdrehdauerbrüche an quergeschliffenen Wellen quer zur Achse; sie folgen dann im ganzen einer Schleifriefe oder mehreren benachbarten Schleifriefen in Teilstücken. Bei längsgeschliffenen Wellen tritt im allgemeinen ein erster Dauerbruchanriß längs auf. Wenn dieser eine gewisse Länge erreicht hat, erfolgt der endgültige Bruch unregelmäßig und treppenförmig, unter Bevorzugung der Faserrichtung im Werkstoff.

Bei anderen Werkstoffen wiederum liegen die Verdrehdauerbrüche unabhängig von etwa vorhandenen Schleifriefen unter 45° zur Achse und sind dabei ziemlich glatt und feinkörnig. Oft ist aber auch bei diesen äußerlich glatten und schrägliegenden Brüchen ein kleiner Anriß, nur Bruchteile eines Millimeters lang, in einer Schleifriefe zu beobachten. Dieser kleine Anriß wirkt dann wie eine Querbohrung in einem verdrehbeanspruchten Stab, er ruft demnach einen glatten Bruch unter 45° zur Achse hervor, Bildtafel 75, Reihe 6.

d) Bei *zügig durchgeführten Zerreißversuchen* an runden Stahlstäben hat die Art der Oberflächenbeschaffenheit keinen Einfluß auf die Bruchausbildung, die Brüche haben bei polierten, längsgeschliffenen, quergeschliffenen und unter 45° zur Achse geschliffenen Wellen immer das gleiche Aussehen. Denn der Bruch beginnt ja von innen heraus als Trennbruch und dringt von dort an die Oberfläche schließlich als Schiebungsbruch vor.

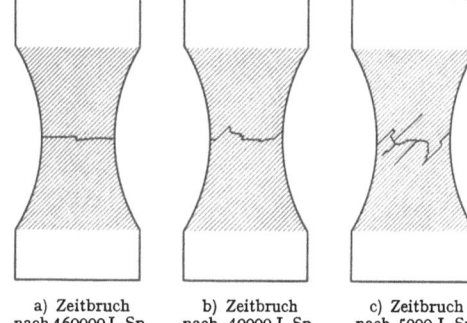

a) Zeitbruch nach 160000 L.Sp. b) Zeitbruch nach 40000 L.Sp. c) Zeitbruch nach 5000 L.Sp.

Abb. 80. Zeitbrüche bei schräggeschliffenen Flachbiegestäben. (Einfluß der Schleifriefen auf den Bruchverlauf.)

e) Bei *wechselnder Biege- und Zugdruckbeanspruchung* verlaufen die Brüche zum größten Teil als Trennbrüche in den Schleifriefen, da die Schleifriefen in der Regel quer zur Achse liegen. Die Brüche bleiben dabei immer nur ein kurzes Stück in einer Schleifriefe und gehen dann schräg in eine andere Schleifriefe über.

Abb. 65 zeigt einen Druckdauerbruchanriß infolge von Zugeigenspannungen im Kerbgrund einer ausgeschmirgelten Halbrundkerbe. Liegt die Schleifriefenrichtung parallel zur Stabachse, dann beeinflussen die Schleifriefen den Bruch nicht und der Bruch hat etwa das gleiche Aussehen wie bei einem polierten Stab.

Bringt man bei Flachbiegestäben Schleifriefen unter 45° zur Achse an, wie in Abb. 70 gezeigt ist, dann liegen die Schleifriefen in der Richtung größter Schubspannungen, sie haben also in bezug auf den Spannungszustand die gleiche Lage wie bei quer- oder längsgeschliffenen verdrehbeanspruchten Wellen. Werden solche Stäbe durch hin- und hergehende Biegung belastet, so findet man, daß sich der Bruch bei nur sehr kleinen Gleitungen, etwa bei Dauerwechselbeanspruchung kurz oberhalb der Dauerfestigkeit, nicht um die Schleifriefen kümmert, sondern als reiner Trennbruch quer zur Achse erfolgt. Werden die Gleitungen im Verhältnis zu den Spannungen immer größer, nähert man sich also der kurzwechsligen Beanspruchung, dann liegen immer mehr Teile der Bruchfläche in Schleifriefen. Dies zeigen die Abb. 80a—80c, die Biegezeitbrüche nach 160000 Lastspielen, 40000 Lastspielen und 5000 Lastspielen darstellen.

3. Abhängigkeit der Schleifriefenwirkung von der Größe der Gleitbeträge.

Das Auftreten von Schiebungsbrüchen in den Schleifriefen wird um so stärker begünstigt, je größer die auftretenden Gleitungen im Verhältnis zu den wirkenden Zugspannungen sind. Umgekehrt ist in den Fällen, in denen die auftretenden Gleitungen klein im Verhältnis zu den Zugspannungen sind, kein Schleifriefeneinfluß mehr vorhanden.

Es ist daher häufig zu beobachten, daß eine glatte quergeschliffene Welle bei wechselnder Verdrehbeanspruchung in den Schleifriefen bricht, während eine Welle mit Hohlkehlenübergang, die aus dem gleichen Werkstoff besteht und unter gleichen Bedingungen beansprucht wird, in der Hohlkehle reine Trennbrüche unter 45° zur Achse aufweist, Abb. 56. Fließbehinderung hebt also im allgemeinen den Einfluß von Schleifriefen in Schubrichtung vollständig auf.

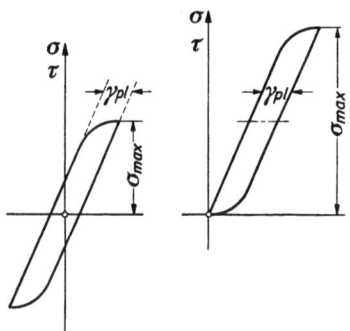

Reine Wechselbeanspruchung.   Ursprungsbeanspruchung.

Abb. 81. Verhältnis der Gleitbeträge zur maximalen Zugspannung bei reiner Wechselbeanspruchung und bei Ursprungsbeanspruchung.

Aus demselben Grunde werden Wellen, die bei reiner Verdrehwechselbeanspruchung in den Schleifriefen anreißen, im Fall einer Ursprungsbeanspruchung unter 45° zur Achse brechen. Das Verhältnis $\gamma_{plast}/\sigma_{max}$, das für die Bevorzugung der Schleifriefen verantwortlich ist, ist nämlich bei Ursprungsbeanspruchung nur halb so groß wie bei reiner Wechselbeanspruchung, weil die Größe von γ_{plast} nur vom Spannungsausschlag abhängt, während σ_{max} von dem Scheitelwert der Spannung abhängig ist. Bei reiner Wechselbeanspruchung ist der Scheitelwert gleich dem Spannungsausschlag, bei Ursprungsbeanspruchung ist er doppelt so groß, Abb. 81.

Diese Zusammenhänge gelten in gleicher Weise auch für den Einfluß einer Faserstruktur auf die Bruchausbildung bei wechselnder Verdrehbeanspruchung. Auch hier ist die Neigung zum Schiebungsbruch in der Faser um so größer, je größer die auftretenden Gleitungen sind.

4. Erklärung der Schleifriefenwirkung.

Daß der Trennbruch in den Schleifriefen erfolgt, sofern diese senkrecht zu den größten Zugspannungen gerichtet sind, ist ohne weiteres verständlich. Nicht ganz so klar liegt der Mechanismus bei der Ausbildung von Schiebungsbrüchen in den Schleifriefen für den Fall, daß die Schleifrichtung mit der Richtung größter Schubspannung zusammenfällt. Doch ist auch in diesem Fall eine Erklärung möglich:

Abb. 82 soll veranschaulichen, wie man sich die Wirkung der Schleifriefen auf die Ausbildung der Schiebungsbrüche denken kann. Die Abbildung stellt ein aus der Welle herausgeschnittenes Oberflächenelement dar. Die Welle soll in einer Richtung größter Schubspannung geschliffen sein, d. h. längs oder quer bei Beanspruchung auf Verdrehung. Das dargestellte Element ist in diesen Richtungen größter Schubspannung herausgeschnitten. Werden der Welle starke wechselnde Gleitungen aufgezwungen, so wird der Bruch als Schiebungsbruch in den Schleifriefen verlaufen, niemals wird er senkrecht dazu verlaufen, obwohl die Größe der Nennschubspannung in beiden Richtungen dieselbe ist. In einer Richtung senkrecht zu den Schleifriefen wird nämlich das Gleiten behindert, weil Gebiete mit großer Schubspannung im Schleifriefengrund von Gebieten mit geringer Schubspannung unterbrochen werden. Da nun die Gleitungen die

Neigung haben, erst dann aufzutreten, wenn sie sich gleich über ein größeres Gebiet erstrecken können, werden sie im wesentlichen entlang den Schleiffriefen stattfinden, denn hier im Grund der Schleiffriefen liegen zusammenhängende Gebiete mit hoher Schubspannung. In der Richtung, in der der Werkstoff am stärksten gleitet, wird er auch am stärksten zerrüttet. Daher ist dem Bruchanriß der Weg entlang den Schleiffriefen gewiesen.

Bei der Frage der Kerbempfindlichkeit, auf die im Abschnitt B (S. 20) eingegangen wurde, war von der Vorstellung Gebrauch gemacht worden, daß das Gleiten quantenhaft erfolgt, daß ein Gleiten nur eintritt, wenn eine gewisse Gleitzone zur Verfügung steht. Man kann diese Vorstellung vom zonenhaften Gleiten zweckmäßig noch erweitern und annehmen, daß die Größe der erforderlichen Gleitzonen mit der Größe der Gleitungen, die sich auswirken wollen, wächst. Dieser Vorstellung entsprechend, würde also bei Dauerwechselbeanspruchung mit nur sehr geringen Gleitungen die erforderliche Gleitzone noch in gleicher Größenordnung wie die Breite des Schleiffriefengrundes sein; es können daher die feinen Gleitungen sowohl in Richtung der Schleiffriefen als auch senkrecht dazu erfolgen, so daß eine allgemeine, richtungsunabhängige Zerrüttung entsteht und der Bruch unter dem Einfluß der Trennspannungen erfolgt, also unter 45° zur Schleifrichtung.

Liegt aber wechselnde Beanspruchung im Gebiet der Zeitfestigkeit vor, dann sind die wechselnden Gleitungen und dementsprechend auch die erforderlichen Gleitzonen sehr groß; die Breite des Schleiffriefengrundes reicht nicht mehr aus, um ein Gleiten senkrecht zur Schleiffriefenrichtung zuzulassen, das Gleiten erfolgt fast ausschließlich in Richtung der Schleiffriefen. Es entsteht dadurch eine richtungsabhängige Entfestigung und der Bruch folgt als Schiebungsbruch dem Verlauf der Schleiffriefen.

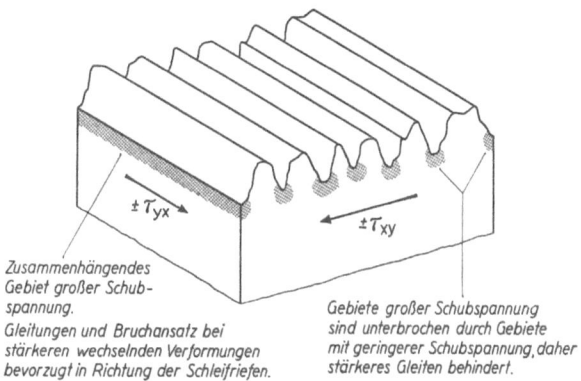

Abb. 82. Modell zur Erklärung des Bruchansatzes in den Schleiffriefen.

Diese Annahme, daß die erforderlichen Gleitzonen mit zunehmender Gleitgröße wachsen, steht in Übereinstimmung mit den Anschauungen von W. KUNTZE, der in einer Veröffentlichung über den Einfluß ungleichförmig verteilter Spannungen auf die Festigkeit von Werkstoffen [43] dargelegt hat, daß am Rande einer Gleitstrecke immer eine Unstetigkeitsstelle der Verformung auftritt, so daß an dieser Stelle eine Kohäsionstrennung stattfinden muß. Daher können z. B. die Fließlinien bei einem weichen Stahl, der solchen Kohäsionstrennungen großen Widerstand entgegensetzt, nur dann erscheinen, wenn sie gleich über den ganzen Querschnitt hinwegschießen können. Nach KUNTZE ist die Neigung zur Ausbildung langer Fließstrecken um so stärker, je homogener und kohäsionsfester ein Werkstoff ist und je weniger innere Fehlstellen er aufweist, die Anlaß für eine örtliche Kohäsionstrennung geben können.

Wenn in den vorstehenden Ausführungen an mehreren Stellen gesagt wird, daß eine konstruktive Kerbe, wie z. B. ein Hohlkehlenübergang, eine Fließbehinderung mit sich bringt, es andererseits aber öfters heißt, daß in sehr scharfen

Kerben, wie Schleifriefen, das Gleiten bevorzugt auftritt, dann liegt hierin ein scheinbarer Widerspruch. Dieser Widerspruch kommt jedoch nur daher, daß man beide Kerben von verschiedenartigem Standpunkt aus betrachtet.

Wenn man von der Fließbehinderung durch einen Hohlkehlenübergang oder eine Umlaufkerbe spricht, dann meint man damit, daß im Kerbgrund nicht so starke Gleitungen auftreten, wie es der elastizitätstheoretischen Spannungsspitze entsprechen würde. Man bezieht also in Gedanken die Größe der auftretenden Gleitungen auf die Höhe der Spannungsspitze. Würde man stattdessen die Größe der auftretenden Gleitungen auf die Nennspannung beziehen, dann würde man ohne weiteres finden, daß im Kerbgrund stärkere Gleitungen auftreten als in einem glatten Stab mit gleicher Nennspannung. Man sieht dies ja auch schon daraus, daß an einer Kerbstelle ein Zerrüttungsbruch bei viel niedrigerer Nennspannung entsteht als im glatten Stab, σ_{nW} (gekerbt) $< \sigma_W$.

Auch bei den scharfen Kerbstellen, die die Schleifriefen darstellen, treten im Schleifriefengrund immer erheblich kleinere Gleitungen auf, als der elastizitätstheoretischen Spannungsspitze entsprechen würde, denn die mathematisch errechneten Spannungsspitzen an solchen Kerben liegen sehr hoch, selbst wenn man die entlastende Wirkung benachbarter Schleifriefen berücksichtigt. Man ist aber im allgemeinen gewohnt, die Größe der Gleitungen im Schleifriefengrund nicht auf die elastizitätstheoretische Spannungsspitze, sondern auf die Nennspannung zu beziehen. Da nun die Nenndauerfestigkeit für einen geschliffenen Stab meist nur wenig unter der Dauerfestigkeit des polierten Stabes liegt, sind die Gleitungen, die im Schleifriefengrund auftreten, bestimmt nicht kleiner als bei einem polierten Stab, der ebenfalls in Höhe der Dauerfestigkeit belastet wird. Man wird daher bei der üblichen Betrachtungsweise den Begriff der Fließbehinderung nicht mehr auf die scharfen Kerben wie Schleifriefen anwenden, da man nicht an die Spannungsspitze im Schleifriefengrund denkt, sondern immer nur an die Nennspannung.

5. Ertragene Lastspielzahl bei Verdrehquerbrüchen und Verdrehlängsbrüchen.

In Abb. 69a und Abb. 69b waren Verdrehzeitbrüche an längs- und quergeschliffenen Wellen einander gegenübergestellt. Dabei war angegeben, daß bei der *quer*geschliffenen Welle der erste Anriß nach 5000 Verformungsspielen auftrat und der endgültige Bruch ziemlich bald darauf nach 5040 Verformungsspielen. Bei der *längs*geschliffenen Welle war dagegen der erste Anriß nach 5500 Verformungsspielen und der endgültige Bruch nach 24000 Verformungsspielen eingetreten.

Der Grund für den großen Unterschied zwischen der Lastspielzahl beim ersten Anriß und der Lastspielzahl beim endgültigen Bruch der *längs*geschliffenen Welle ist darin zu suchen, daß die Prüfung bei gleichbleibendem Verformungsausschlag stattfand. Bei *quer*geschliffenen verdrehbeanspruchten Wellen ist es ziemlich gleichgültig, ob sie in Maschinen mit gleichbleibendem Verformungsausschlag oder in Maschinen mit gleichbleibendem Belastungsausschlag geprüft werden[1]. Der erste Anriß quer zur Achse hat neben einer starken Kerbwirkung sofort eine Herabsetzung des tragenden Querschnitts zur Folge, so daß der einmal entstandene Anriß mit großer Schnelligkeit fortschreitet [135]. Ein Lastabfall tritt während des Bruchfortschreitens zunächst nicht auf, da der Bruch ein derartig kleines Stabvolumen umfaßt, daß sich die Steifigkeit der Probe kaum ändert (vorausgesetzt, daß es sich um glatte, nicht zu kurze Wellen handelt).

---

[1] Einzelheiten über den Bau von Prüfmaschinen mit gleichbleibendem Belastungsausschlag und gleichbleibendem Verformungsausschlag bringt eine Arbeit von H. OSCHATZ [63].

Ertragene Lastspielzahl bei Verdrehquerbrüchen und Verdrehlängsbrüchen. 71

Anders liegt dagegen der Fall, wenn bei der längsgeschliffenen Welle zuerst einige Längsrisse entstehen. Durch diese Längsrisse wird die Welle in ein Faserbündel zerlegt und dadurch außerordentlich verdrehweich. Dem gleichbleibenden Verformungsausschlag entspricht infolgedessen nur noch eine sehr geringe Belastung: Mit dem Beginn der Längsanrisse sinkt der äußere Belastungsausschlag schnell auf einen Bruchteil des ursprünglichen Wertes ab. Der Bruch schreitet daher nur langsam vorwärts.

Aus den gleichen Gründen ergibt sich bei Dauerprüfmaschinen mit gleichbleibendem *Verformungs*ausschlag oft nur ein verschwindend kleiner Restbruch (besonders bei gekerbten Teilen). Bei Flachbiegung schrumpft z. B. der Rest-

Abb. 83. Biegezeitbrüche bei gekerbten Flachbiegestäben (mit Halbkreisquerschnitt).
Links: Beanspruchung mit gleichbleibendem Verformungsausschlag. Rechts: Beanspruchung mit gleichbleibendem Belastungsausschlag.

bruch meist zu einer feinen Linie zusammen, Abb. 83, links. Bei Dauerprüfung mit gleichbleibendem *Belastungs*ausschlag tritt dagegen immer ein ziemlich großer Restbruch auf, Abb. 83, rechts. (Die beiden Zeitbrüche in Abb. 83 sind unter sonst gleichen Bedingungen einmal bei gleichbleibendem Verformungsausschlag und das andere Mal bei gleichbleibendem Belastungsausschlag erzeugt.)

Die übliche Auffassung, daß die Größe des Restbruchquerschnittes unmittelbar zeigt, wie stark der Probestab oder das Werkstück überbeansprucht war, d. h. wie hoch die aufgebrachte Nennspannung über der Dauerfestigkeit lag, erfährt also durch diese Tatsache eine gewisse Einschränkung. Ein unmittelbarer Zusammenhang zwischen der Höhe der Überlastung und der Größe der Restbruchfläche besteht nur, wenn das Werkstück unter annähernd gleichbleibender Belastung zu Bruch gegangen ist.

Schrifttumsverzeichnis.

[1] Thum, A., u. W. Buchmann: Dauerfestigkeit und Konstruktion. Mitt. Mat.-Prüf.-Anst. T.H. Darmstadt H. 1. Berlin: VDI-Verlag 1932. 2. Auflage erscheint demnächst.

[2] Thum, A., u. W. Bautz: Die Gestaltfestigkeit: Der Einfluß der Form auf die Festigkeitseigenschaften. Schweiz. Bauztg. Bd. 106 (1935) S. 25...30.

[3] Thum, A., u. W. Bautz: Die Gestaltfestigkeit. Stahl u. Eisen Bd. 55 (1935) S. 1025 bis 1029.

[4] Thum, A.: Neuere Anschauungen in der Gestaltung. Vortrag 74. VDI-Hauptvers. Darmstadt 1936; Sonderh. S. 87...98. Berlin: VDI-Verlag.

[5] Lehr, E.: Spannungsverteilung in Konstruktionselementen. Berlin: VDI-Verlag 1934.

[6] Thum, A.: Anschaulichkeit im Beanspruchungs- und Bruchmechanismus. Vortrag 76. VDI-Hauptvers. Stuttgart 1938, Sonderdruck. Berlin: VDI-Verlag, erscheint demnächst.

[7] Thum, A.: Werkstoffersparnis durch konstruktive Maßnahmen. Vortrag Werkstoff-Tagung Wien 1938. Wiss. Abh. d. Dtsch. Mat.-Prüf.-Anst. Bd. 1 (1939) H. 2 S. 32...40.

[8] Thum, A.: Der Werkstoff in der konstruktiven Berechnung. Vortrag Hauptvers. Ver. Dtsch. Eisenhüttenl., 5. Nov. 1938, Düsseldorf. Stahl u. Eisen Bd. 59 (1939) H. 9 S. 252...263. (Die Druckstöcke für die Abb. 1, 2, 4, 20, 22, 23, 30, 31, 69, 70 und 82 wurden diesem Aufsatz mit freundlicher Erlaubnis des Verlags Stahleisen m. b. H. entnommen.)

[9] Neuber, H.: Kerbspannungslehre. Berlin: Julius Springer 1937. — Vgl. a. H. Neuber: Der räumliche Spannungszustand in Umdrehungskerben. Ing. Arch. Bd. 6 (1935) S. 133...156.

[10] Wyszomirski, W. A.: Stromlinien und Spannungslinien. Diss. T.H. Dresden 1914.

[11] Wyss, Th.: Die Kraftfelder in festen elastischen Körpern. Berlin: Julius Springer 1926.

[12] Hele-Shaw, H. S.: Beschreibung des Strömungsapparates. Electrician Bd. 56 (1905/06) S. 959.

[13] Thum, A., u. W. Bautz: Ermittlung der Verdrehspannungen in gekerbten Konstruktionsteilen durch Modellversuche. Arch. techn. Messen V 132-11, Sept. 1934. — L. S. Jacobsen, Trans. Amer. Soc. Mech. Engr. Bd. 46 (1925).

[14] Thum, A., u. W. Bautz: Die Ermittlung von Spannungsspitzen bei Verdrehbeanspruchung mit Hilfe eines elektrischen Modells. Z. VDI Bd. 78 (1934) S. 17.

[15] Bautz, W.: Stand der Modellversuche zur Ermittlung der Spannungsverteilung in verdrehbeanspruchten Querschnitten. Vortrag Masch.-Elemente-Tagung Aachen 1935 (Sonderdruck VDI-Verlag).

[16] Prandtl, L.: Eine neue Darstellung der Torsionsspannungen bei prismatischen Stäben von beliebigem Querschnitt. Phys. Z. Bd. 4 (1903) S. 758.

[17] Oschatz, H.: Gesetzmäßigkeiten des Dauerbruches und Wege zur Steigerung der Dauerhaltbarkeit gekerbter Konstruktionen. Mitt. Mat.-Prüf.-Anst. T.H. Darmstadt H. 2. Berlin: VDI-Verlag 1933.

[18] Dietrich, O., u. E. Lehr: Das Dehnungslinienverfahren, ein Mittel zur Bestimmung der für die Bruchsicherheit bei Wechselbeanspruchung maßgebenden Spannungsverteilung. Z. VDI Bd. 76 (1932) S. 973.

[19] Winkler, E.: Deformationsversuche mit Kautschukmodellen. Civil-Ing. 1878 S. 81.

[20] Leon, A.: Versuche an gelochten Zugstäben aus Gummi. Eisenbau Bd. 12 (1921) S. 221. — A. Leon u. F. Willheim: Die Spannungsverteilung in gelochten und gekerbten Zugstäben. Mitt. k. u. k. techn. Versuchsamt Wien Bd. 3 (1914) H. 1 u. 2.

[21] Thum, A., u. K. Oeser: Gummigefederte Maschinen. Mitt. Mat.-Prüf.-Anst. T.H. Darmstadt H. 6. Berlin: VDI-Verlag 1935.

[22] Stoll, H.: Die Eignung von Weichgummi zur experimentellen Ermittlung von Spannungsbildern. Forsch. Ing.-Wes. Bd. 2 (1931) S. 313...318.

[23] Berg, S.: Zur Frage der Beanspruchung beim Dauerschlagversuch. Forsch.-Arb. Ing.-Wes. H. 331. Berlin: VDI-Verlag 1930. (Diss. T.H. Darmstadt 1929.)

[24] Jaschke, R.: Der Verformungskreis für große Formänderungen und seine Anwendung in der Meßtechnik. Diss. T.H. Aachen 1937.

[25] Thum, A., O. Svenson u. H. Weiss: Neuzeitliche Dehnungsmeßgeräte. Forsch. Ing.-Wes. Bd. 9 (1938) S. 229...234.

[26] FÖPPL, L., u. H. NEUBER: Festigkeitslehre mittels Spannungsoptik. München-Berlin: R. Oldenbourg 1935.

[27] WEGNER, U.: Über den Zusammenhang von Strömungs- und Spannungsproblemen. Ing.-Arch. Bd. 5 (1934) S. 449... . 469.

[28] MOHR, O.: Welche Umstände bedingen die Elastizitätsgrenze und den Bruch des Materiales? Z. VDI Bd. 44 (1900) S. 1524... 1530 u. S. 1572... 1577. — Vgl. a. A. NÁDAI: Der bildsame Zustand der Werkstoffe. Berlin: Julius Springer 1927.

[29] THUM, A., u. W. BAUTZ: Steigerung der Dauerhaltbarkeit von Formelementen durch Kaltverformung. Mitt. Mat.-Prüf.-Anst. T.H. Darmstadt H. 8. Berlin: VDI-Verlag 1936.

[30] KUNTZE, W.: Einfluß des durch die Gestalt erzeugten Spannungszustandes auf die Biegewechselfestigkeit. Arch. Eisenhüttenw. Bd. 10 (1937) S. 369... 373.

[31] KUNTZE, W.: Zur Frage der Festigkeit bei räumlichen Spannungszuständen. Stahlbau Bd. 10 (1937) S. 177... 181.

[32] MAIER, A. F.: Einfluß des Spannungszustandes auf das Formänderungsvermögen der metall. Werkstoffe. Diss. T.H. Stuttgart 1935. Berlin: VDI-Verlag.

[33] THUM, A.: Querbrüche an Kardanwellen und Behebung ihrer Ursachen. Dtsch. Kraftf.-Forsch. H. 6. Berlin: VDI-Verlag 1938. (Dieser Arbeit sind die Abb. 41, 42 u 49 entnommen.)

[34] DAVIDENKOV, N.: Note on the Torsion Impact Testing. Techn. Phys. of the USSR Bd. 3 (1936) S. 577.

[35] BRAUNBEK, W.: Ein quadratischer Elastizitätseffekt an vulkanisiertem Kautschuk. Z. Phys. Bd. 109 (1938) S. 510... 516.

[36] MINELLI, C.: Phénomènes secondaires dans les grandes déformations de torsion des solides. Rev. Fac. Sci. Univ. Istanbul, N.s. 2, Fasc. 1, 55−63 (1936).

[37] BUCKWALTER, T. V., u. O. J. HORGER: Investigation of Fatigue Strength of Axles Press-fits, Surface Rolling and Effect of Size. Trans. Amer. Soc. Met. Bd. 25 (1937) Nr. 1 S. 229 bis 244.

[38] FAULHABER, R.: Über den Einfluß des Probestabdurchmessers auf die Biegeschwingungsfestigkeit von Stahl. Mitt. Forsch.-Inst. Ver. Stahlwerke, Dortmund Bd. 3 (1933) Lfg. 6.

[39] LEHR, E., u. R. MAILÄNDER: Einfluß von Hohlkehlen an abgesetzten Wellen auf die Biegewechselfestigkeit. Z. VDI Bd. 79 (1935) S. 1005 — Arch. Eisenhüttenw. Bd. 9 (1935/36) S. 31... 35.

[40] SIEBEL, E., u. H. F. VIEREGGE: Über die Abhängigkeit des Fließbeginns von Spannungsverteilung und Werkstoff. Mitt. K.-Wilh.-Inst. Eisenforschg. Bd. 16 (1934) Lfg. 21 S. 225... 239.

[41] THUM, A., u. F. WUNDERLICH: Die Fließgrenze bei behinderter Formänderung, ihre Bedeutung für das Dauerfestigkeitsschaubild. Forsch. Ing.-Wes. Bd. 3 (1932) S. 261.

[42] RINAGL, F.: Fließgrenze bei Biegebeanspruchung. Anz. Akad. Wiss. Wien 1935 S. 189... 192. (Gegen schichtweises Fließen!)

[43] KUNTZE, W.: Einfluß ungleichförmig verteilter Spannungen auf die Festigkeit von Werkstoffen. Vortrag Masch.-Elemente-Tagung Aachen 1935 (Sonderdruck VDI-Verlag). Mitt. dtsch. Mat.-Prüf.-Anst. Sonderh. 31 (1937).

[44] FRITSCHE, J.: Zur Mechanik des Fließvorganges. Stahlbau Bd. 11 (1938) S. 121 bis 124.

[45] BUCHMANN, W.: Die Kerbempfindlichkeit der Werkstoffe. Forsch. Ing.-Wes. Bd. 5 (1934) S. 36... 48 (Diss. T.H. Darmstadt 1933).

[46] BROPHY, G. R.: Damping Capacity, a Factor in Fatigue. Trans. Amer. Soc. Met. Bd. 24 (1936) S. 154... 185.

[47] MOORE, H. F.: Correlation Between Metallography and Mechanical Testing. Univ. Illinois Bull. Vol. 34 No. 31 (1936), Repr. No. 9 from Trans. A. I. M. E. Vol. 120 (1936). — H. F. MOORE u. T. VER: A Study of Slip Lines, Strain Lines and Cracks in Metals under Repeated Stress. Univ. Illinois Bull. Vol. 27 No. 208 (1930).

[48] KRISCH, A.: Spannungsmechanik des gekerbten Rundstabes. Diss. T.H. Berlin 1935.

[49] FROCHT, M. M.: Factors of Stress Concentration Photoelastically Determined. J. Appl. Mech. Bd. 2 (1935) S. A-67... A-68.

[50] WAHL, A. M., u. R. BEEUWKES: Stress Concentrations Produced by Holes and Notches. Trans. Amer. Soc. Mech. Engr. Bd. 56 (1934) APM-56-11 S. 617... 625.

[51] PETERSON, R. E., u. A. M. WAHL: Two- and Three-Dimensional Cases of Stress Concentration, and Comparison with Fatigue Tests. J. Appl. Mech. Bd. 3 (1936) S. A-15 bis A-22.

[52] FROCHT, M. M.: The Behaviour of a Brittle Material at Failure. J. Appl. Mech. Bd. 3 (1936) S. A-99... A-103.

[53] HOWLAND, R. C. J.: On the Stresses in the Neighbourhood of a Circular Hole in a Strip under Tension. Phil. Trans. Roy. Soc. Lond., ser. A. Bd. 229 (1929) S. 49.

[54] COKER, E. G., u. L. N. G. FILON: A Treatise on Photoelasticity. Cambridge 1931 (bes. Abb. S. 149, 153 u. 155).

[55] HENNIG, A.: Polarisationsoptische Spannungsuntersuchungen am gelochten Zugstab und am Nietloch. Forsch. Ing.-Wes. Bd. 4 (1933) S. 53 ... 63.

[56] MATTHAES, K.: Die Kerbwirkung bei statischer Beanspruchung. Luftf.-Forschg. Bd. 15 (1938) Lfg. 1/2 S. 28 ... 40.

[57] THUM, A., O. SVENSON u. H. WEISS: Spannungsermittlung an Konstruktionsteilen durch Feindehnungsmesser. Dtsch. Kraftf.-Forschg., erscheint demnächst.

[58] FÖPPL, L.: Der Einfluß von Löchern und Nuten auf die Beanspruchung von Wellen. Z. VDI Bd. 65 (1921) S. 497 ... 498.

[59] THUM, A., u. H. WEISS: Versuche zur Steigerung der Verdrehdauerhaltbarkeit quergebohrter Wellen durch Kaltverformung. Autom.-techn. Z. Bd. 41 (1938) H. 24 S. 629.

[60] GLOCKER, R., u. G. KEMNITZ: Spannungsmessungen am Dauerbruchvorgang. Z. Metallkde. Bd. 30 (1938) S. 1 ... 3.

[61] BERG, S.: Gestaltfestigkeitsversuche der Industrie. Z. VDI Bd. 81 (1937) S. 483 bis 487.

[62] THUM, A., u. G. BERGMANN: Dauerprüfung von Formelementen und Bauteilen in natürlicher Größe. Z. VDI Bd. 81 (1937) S. 1013 ... 1018.

[63] OSCHATZ, H.: Prüfmaschinen zur Ermittlung der Dauerfestigkeit. Z. VDI Bd. 80 (1936) S. 1433 ... 1439.

[64] OSCHATZ, H.: Eine Dauerprüfmaschine zur Bestimmung der Dauerhaltbarkeit von Proben und Formelementen. Metallwirtsch. Bd. 13 (1934) S. 443.

[65] ERLINGER, E.: Eine Prüfmaschine zur Erzeugung wechselnder Zug-Druck-Kräfte. Arch. Eisenhüttenw. Bd. 10 (1936/37) S. 317 ... 320. — E. ERLINGER: Prüfanlagen zur Ermittlung der Wechselfestigkeit von Maschinenteilen. Arch. Eisenhüttenw. Bd. 12 (1938/39) H. 12 S. 613 ... 621.

[66] LEHR, E.: Die wichtigsten Ergebnisse der neueren Festigkeitsforschung. Masch.-Schad. Bd. 14 (1937) S. 136 ... 142; Bd. 15 (1938) S. 1 ... 7.

[67] MacGREGOR, R. A., W. S. BURN u. F. BACON: The Relation of Fatigue to Modern Engine Design. London: E. & F. N. Spon Ltd. 1935.

[68] LEHR, E., u. R. MAILÄNDER: Einfluß von Hohlkehlen an abgesetzten Wellen und von Querbohrungen auf die Biegewechselfestigkeit. Arch. Eisenhüttenw. Bd. 11 (1938) S. 563 ... 568.

[69] BOLLENRATH, F.: Zeit- und Dauerfestigkeit der Werkstoffe. Jb. d. dtsch. Luftf.-Forschg. 1938, Ergänzungsbd. S. 147 ... 157.

[70] HEMPEL, M.: Einfluß der Beanspruchungsart auf die Wechselfestigkeit von Stahlstäben mit Querbohrungen und Kerben. Arch. Eisenhüttenw. Bd. 12 (1938/39) H. 9 S. 433 bis 444 [vgl. auch F. KÖRBER u. M. HEMPEL, Mitt. K.-Wilh.-Inst. Eisenforschg. Bd. 21 (1939) Lfg. 1 S. 1 ... 26].

[71] FISCHER, G.: Über die Kerbwirkung bei Dauerwechselbeanspruchung und den Einfluß der Kaltverformung auf die Dauerhaltbarkeit. Jb. d. dtsch. Luftf.-Forschg. 1938, Abt. Flugw., S. 517 ... 523.

[72] ENSSLIN, M.: Die Festigkeitsaufgabe und ihre Behandlung. Z. VDI Bd. 71 (1927) S. 1486 ... 1491 [vgl. auch O. MOHR, Z. VDI Bd. 45 (1901) S. 740].

[73] KUNTZE, W.: Mechanische Prüfung von Werkstoffen auf ihre Gebrauchseignung. Arch. Eisenhüttenw. Bd. 12 (1939) H. 7 S. 329 ... 334.

[74] Noch unveröffentlichte Untersuchungen von R. MICHELSEN (Dr.-Ing.-Diss. T.H. Darmstadt).

[75] BAUTZ, W.: Erscheinungsformen des Dauer- und Gewaltbruches. Vortrag Betriebsleitertagung Allianz, Berlin 1935.

[76] ROŠ, M., u. A. EICHINGER: Versuche zur Klärung der Frage der Bruchgefahr. III. Metalle. Diskussionsber. Nr. 34 d. Eidgen. Mat.-Prüf.-Anst., Zürich 1929.

[77] MAILÄNDER, R.: Dauerbrüche und Dauerfestigkeit. Krupp. Mh. Bd. 13 (1932) S. 55.

[78] BACH, C. VON: Elastizität und Festigkeit. 8. Aufl. Berlin: Julius Springer 1920.

[79] EHRT, M., u. G. KÜHNELT: Das Gesicht des Dauerbruches. Prüfungsber. d. „Allianz u. Stuttg. Verein" Vers.-A.-G., Berlin 1938 (H. 4).

[80] ULRICH, M.: Verdrehungsfestigkeit und Verschleiß von Keilwellen. I. Teil. Forsch.-Arb. Kraftfahrwes., Versuchsber. Nr. 11. Berlin 1935.

[81] THUM, A.: Gewaltbruch, Zeitbruch und Dauerbruch. Bruchaussehen und Bruchverlauf bei Zug-, Biege- und Verdrehbeanspruchung. Forsch. Ing.-Wes. Bd. 9 (1938) S. 57 bis 67. (Auszug aus der vorliegenden Arbeit. Die Druckstöcke für die Abb. 10, 13, 16, 27, 34, 35, 38, 39, 43, 44, 51, 54, 55, 56 u. 59 wurden diesem Auszug mit freundlicher Erlaubnis des VDI-Verlags entnommen.)

[82] THUM, A.: Gesetzmäßigkeiten der Bruchausbildung. Z. VDI Bd. 83 (1939) Nr. 2 S. 63/64.

[83] POLANYI, M.: Über die Natur der Festigkeit. Mitt. dtsch. Mat.-Prüf.-Anst. Sonderheft 13 S. 113 ... 119. Berlin 1930.

[84] THUM, A., u. H. OCHS: Über den Einfluß der Korrosion auf die Dauerfestigkeit metallischer Werkstoffe. Mitt. Mat.-Prüf.-Anst. T.H. Darmstadt H. 9. Berlin: VDI-Verlag 1937.

[85] RUTTMANN, W.: Verformungslose Brüche an Kesselteilen. Z. VDI Bd. 79 (1935) S. 1561 ... 1564.

[86] KUNTZE, W.: Kohäsionsfestigkeit. Mitt. dtsch. Mat.-Prüf.-Anst. Sonderh. 20. Berlin 1932.

[87] BÖKER, R.: Die Mechanik der bleibenden Formänderungen in kristallinisch aufgebauten Körpern. Forsch.-Arb. Ing.-Wes. H. 175/76 (1915).

[88] BUCHNER, H.: Die Elastizitätsgrenze von Stählen bei Dauerbeanspruchung und ihr Zusammenhang mit der Dauerfestigkeit, Werkstoffdämpfung und Kerbempfindlichkeit. Forsch. Ing.-Wes. Bd. 9 (1938) S. 14 ... 27. (Diss. T.H. München 1937.)

[89] GOUGH, H. J., u. W. A. WOOD: Strength of Metals in the Ligth of Modern Physics. J. Roy. Aeron. Soc. Vol. 40 (1936) S. 586 ... 621.

[90] GOUGH, H. J., u. W. A. WOOD: The Crystalline Structure of Steel at Fracture. Proc. Roy. Soc., Lond. A 165 (1938) S. 358 ... 371.

[91] GOUGH, H. J., u. G. FOREST: A Study of the Fatigue Characteristics of Three Aluminium Specimens Each Containing from Four to Six Large Crystals. J. Inst. Met. 1936 S. 58.

[92] BARRETT, C. S.: Distortion of Grains by Fatigue and Static Stressing. Metals & Alloys Bd. 8 (1937) S. 13 ... 21.

[93] MOORE, A. F.: How and When Does a Fatigue Crack Start? Metals & Alloys Bd. 7 (1936) S. 297 ... 299.

[94] BRIDGMAN, P. W.: Reflections on Rupture. J. Appl. Phys. Bd. 9 (1938) S. 517 ... 528.

[95] MÖLLER, H., u. M. HEMPEL: Wechselbeanspruchung und Kristallzustand. Mitt. K.-Wilh.-Inst. Eisenforschg. Bd. 20 (1938) Lfg. 2 S. 15 ... 33, Lfg. 17 S. 229 ... 238.

[96] WEVER, F., M. HEMPEL u. H. MÖLLER: Die Änderung des Kristallzustandes wechselbeanspruchter Metalle im Röntgenbild. Arch. Eisenhüttenw. Bd. 11 (1937/38) S. 315 .. 318.

[97] WEVER, F., M. HEMPEL u. H. MÖLLER: Die Veränderungen des Kristallzustandes von Stahl bei Wechselbeanspruchung bis zum Dauerbruch. Stahl u. Eisen Bd. 59 (1939) H. 2 S. 29 ... 33. — M. HEMPEL: Zur Frage des Dauerbruches: Magnetpulverbild und Dauerbruchanriß. Stahl u. Eisen Bd. 59 (1939) S. 692 (Ausz. aus: Mitt. K.-Wilh.-Inst. Eisenforschg. Bd. 21 (1939) Lfg. 9 S. 147 ... 162).

[98] GOUGH, H. J.: Crystalline structure in Relation to Failure of Metals Especially by Fatigue. Proc. Amer. Soc. Test. Mat. Bd. 33 (1933) S. 3.

[99] SIEBEL, E.: Statische und dynamische Werkstoffprüfung. Z. Metallkde. Bd. 30 (1938) Sonderh. S. 11 ... 15.

[100] THUM, A., u. W. BAUTZ: Zeitfestigkeit. Z. VDI Bd. 81 (1937) S. 1407 ... 1412.

[101] MOORE, H. F.: Effect of Occasional Overload on the Strength of Metals. Metals & Alloys Bd. 6 (1935) S. 144.

[102] RUSSELL, H. W., u. W. A. WELCKER: Damage and Overstress in the Fatigue of Ferrous Materials. Proc. Amer. Soc. Test. Mat. Bd. 36 (1936) II. S. 118 ... 138.

[103] WISHART, H. B., u. S. W. LYON: Effect of Overload on the Fatigue Properties of Several Steels at Various Low Temperatures. Trans. Amer. Soc. Met. Bd. 25 (1937) S. 690 bis 701.

[104] KOMMERS, J. B.: Overstressing and Understressing in Fatigue. Engineering Bd. 143 (1937) S. 620 ... 622 u. S. 676 .. 678. — J. B. KOMMERS: Einfluß von Wechselvorbeanspruchungen auf die Wechselfestigkeit von Stahl. Proc. Amer. Soc. Test. Mat. Bd. 38 (1938) II. S. 249 ... 268.

[105] KAUL, H. W.: Die erforderliche Zeit- und Dauerfestigkeit von Flugzeugtragwerken. Jb. d. dtsch. Luftf.-Forschg. 1938, Abt. Flugw. S. 274 ... 288.

[106] MÜLLER-STOCK, H.: Der Einfluß dauernd und unterbrochen wirkender schwingender Überbeanspruchung auf die Entwicklung des Dauerbruches. Mitt. Kohle- u. Eisenforschg. Bd. 2 (1938) Lfg. 2, S. 83 ... 107 (vgl. auch Arch. Eisenhüttenw. Bd. 12 (1938) S. 141).

[107] GASSNER, E.: Festigkeitsversuche mit wiederholter Beanspruchung im Flugzeugbau. Luftwissen Bd. 6 (1939) Nr. 2 S. 61 ... 64.

[108] FROMM, H.: Grenzen des elastischen Verhaltens beanspruchter Stoffe. Handb. phys.-techn. Mech. Bd. 4 1. Hälfte 2. Teil S. 359ff. (Herausg. von F. AUERBACH u. W. HORT. Leipzig 1931.)

[109] THUM, A., u. H.-R. JACOBI: Die Dauerfestigkeit von Kunstharzpreßstoffen. Masch.-Schaden Bd. 15 (1938) S. 85 ... 91 u. S. 101 ... 105. (Ausführliche Zusammenstellung von Bruchbildern bei Kunstharzpreßstoffen!) — A. THUM u. H.-R. JACOBI: Mechanische Festigkeit von Phenol-Formaldehydkunststoffen. VDI-Forschungsheft 396. Berlin: VDI-Verlag 1939.

[110] MEYERCORDT, F.: Über die Gestaltfestigkeit des Gußeisens und die innere Mechanik seiner Festigkeit. Diss. T.H. Darmstadt 1937. — A. THUM u. F. MEYERCORDT: Zur Frage der Bruchbeurteilung bei Gußeisen. Masch.-Schaden Bd. 11 (1934) S. 90...94.
[111] SCHMID, E., u. W. BOAS: Kristallplastizität. Berlin: Julius Springer 1935.
[112] THUM, A., u. H. UDE: Über die Elastizität und die Schwingungsfestigkeit von Gußeisen. Mitt. dtsch. Mat.-Prüf.-Anst. H. 6/8 (1930).
[113] THUM, A., u. H. UDE: Die mechanischen Eigenschaften des Gußeisens. Z. VDI Bd. 74 (1930) S. 257...264.
[114] ENSSLIN, M.: Die Festigkeitseigenschaften von Probestäben aus Leichtmetallkolbenlegierungen im gegossenen, warmgepreßten und vergüteten Zustand. Metallwirtsch. Bd. 17 (1938) S. 831...839.
[115] Noch unveröffentlichte Versuche von A. THUM u. R. ZOEGE VON MANTEUFFEL.
[116] Noch unveröffentlichte Versuche von A. THUM u. W. REIN.
[117] Noch unveröffentlichte Versuche von A. THUM u. R. MICHELSEN.
[118] PFENDER, M.: Das Verhalten der Werkstoffe bei behinderter Verformungsmöglichkeit. Arch. Eisenhüttenw. Bd. 11 (1937/38) S. 595...606. (Diss. T.H. Stuttgart.)
[119] LUDWIK, P.: Elemente der technologischen Mechanik. Berlin: Julius Springer 1909.
[120] LUDWIK, P.: Die Bedeutung des Gleit- und Reißwiderstandes für die Werkstoffprüfung. Z. VDI Bd. 71 (1927) S. 1532...1538 (Abb. 52 wurde diesem Aufsatz entnommen).
[121] SACHS, G., u. G. FIEK: Der Zugversuch. Leipzig: Akad. Verlagsges. 1926.
[122] SACHS, G.: Mechanische Technologie der Metalle. Leipzig 1925.
[123] MOSER, M.: Werkstofffehler oder Brucherscheinung? Krupp. Mh. Bd. 2 (1921) S. 145.
[124] SMEKAL, A.: Dauerbruch und spröder Bruch. Metallwirtsch. Bd. 16 (1937) S. 189 bis 193.
[125] GOUGH, H. J., u. H. V. POLLARD: The Strength of Metals Under Combined Alternating Stresses. Proc. Instn. mech. Engrs. 131 (1935) S. 3...103.
[126] GOUGH, H. J., u. H. V. POLLARD: The Effect of Specimen Form on the Resistance of Metals to Combined Alternating Stresses. Proc. Instn. mech. Engrs. 132 (1936) S. 549...573.
[127] Noch unveröffentlichte Versuche von A. THUM u. W. KIRMSER.
[128] THOMAS, H. R., u. J. G. LOWTHER: Ermüdungsbruch unter wiederholter Druckbeanspruchung. Proc. Amer. Soc. Test. Mat. Bd. 32 (1932) II. S. 421...429.
[129] THUM, A., u. F. WUNDERLICH: Die Dauerbiegefestigkeit von Konstruktionsteilen an Einspannungen, Nabensitzen und ähnlichen Kraftangriffsstellen. Mitt. Mat.-Prüf.-Anst. T.H. Darmstadt H. 5. Berlin: VDI-Verlag 1934.
[130] SAUL, K.-H.: Beanspruchungsmechanismus und Gestaltfestigkeit von Nabensitzstellen. Diss. T.H. Darmstadt. Erscheint demnächst.
[131] WELTER, G.: Dauer-Biege- und Dauer-Zug-Druck-Versuche. III. Wiadom. Inst. Met. Warschau, Roc. 4 (1936) S. 37...39, Pl. 8, 9.
[132] HANKINS, G. A., M. L. BECKER u. R. H. MILLS: Über den Einfluß der Oberflächenbeschaffenheit auf die Dauerfestigkeit von Stählen. Ausz. Stahl u. Eisen Bd. 56 (1936) S. 852 (Ber. v. R. MAILÄNDER).
[133] ZIMMERLI, F. P., W. P. WOOD u. G. D. WILSON: The Effects of Longitudinal Scratches on Valve Spring Wire. Trans. Amer. Soc. Met. Bd. 26 (1938) S. 997...1018.
[134] SCHULTEIS, E.: Untersuchung über die Zeitfestigkeit von verdrehbeanspruchten Wellen. Diplom-Arbeit, Lehrstuhl von Prof. A. THUM, T.H. Darmstadt 1937 (nicht veröffentlicht).
[135] OSCHATZ, H.: Holzprüfmaschinen. Z. „Holz als Roh- und Werkstoff" Bd. 1 (1938) S. 421...425 (1. Maschinen zur zügigen Beanspruchung) u. S. 454...459 (2. Maschinen zur wechselnden Beanspruchung).

Sachverzeichnis.

Abbau von Spannungsspitzen 20, 21.
Ansatzstellen der Gewaltbrüche und der Dauerbrüche 41, 54.
Anschauliche Deutung des Mohrschen Spannungskreises 10.
Auffinden von Dauerbruchanrissen 53, 58, 59.
Auslösen von Verformungen durch das Schnittverfahren 5—7.

Biegezeitbruch bei einer schräggeschliffenen Probe 61, 67.
Bruchform und Oberflächenbeschaffenheit 59—67.
Bruchformen bei Verdrehbeanspruchung 42, 45—52, 54, 55, 60, 61, 64—67.
Bruchlastspielzahl, Abhängigkeit der Bruchlastspielzahl von den Prüfbedingungen 40, 70, 71.
Bruchweg und Faserstruktur 47—50, 64.

Dauerbruch, Begriffsbestimmung, Aussehen, Verlauf, Anrißstellen des Dauerbruchs 37 bis 42.
Dauerbruchfläche und Restbruchfläche 42, 70, 71.
Dauerfestigkeit in Abhängigkeit von der Oberflächenbeschaffenheit 60, 65.
Dauerprüfmaschinen; Einfluß der Dauerprüfmaschinen auf die Bruchausbildung 59, 62, 70, 71.
Dauerversuche an längs- und quergeschliffenen Probestäben 60—67.
Dehnlänge 3, 4.
Dehnungs-Feinmessungen 3, 5, 35.
Druck-Dauerbrüche 56—59.
Druckursprungsbeanspruchung 57—59.

Ebener Spannungszustand 7—13.
Eigenspannungen 55, 56—59.
Einachsiger Spannungszustand 6, 8—10, 50, 51.
Einspannwirkung 54, 56, 57.

Faserstruktur, Einfluß auf die Bruchrichtung 47—50, 64.
Feindehnungsmessungen 3, 5, 35.
Feldelektrische Modelle 3.
Flachbiegung im Vergleich mit Zugbeanspruchung 29, 30.
Flachstab mit Außenkerben 3, 22—31.
— mit Querbohrung bei Zug und bei Flachbiegung 27, 28, 29, 30.
Fließbehinderung 20, 38, 51, 52, 68, 70.
Formänderungsbehinderung 4, 7, 28—30, 38.
Formziffer 22—33.
—, Abhängigkeit von der Kerbtiefe 27, 30, 31.
— bei verschiedenen Beanspruchungsarten (allgemein) 22, 23.
— bei Zug und Biegung 25, 26.

Formziffer für Flachstab und Rundstab 23, 24.
— und Kerbwirkungszahl für die Querbohrung in verdrehbeanspruchten Wellen 31—33.
Fräserbruch 44, 53.

Gestaltfestigkeit, Gestaltfestigkeitsversuche 1, 33—35.
Gewaltbruch, Begriffsbestimmung 37, 38.
Gleitbehinderung 20, 38, 51, 52, 68, 70.
Gleitebenen, Gleitlinien 37, 38, 44, 69.
Gleitentfestigung 39.
Gleitvorgang bei zügiger Verdrehung 16 bis 18, 46.
Grenzgleitung 20, 39.
Größeneinfluß 19, 21, 35.
Gummimodell für einen Stab mit Außenkerben unter Zugbeanspruchung 3, 6, 7, 27, 28.
— für einen Stab mit Querloch unter Zugbeanspruchung 27, 28.
— für einen Stab mit Querloch bei Flachbiegung 29.
Gummimodelle 3—7, 11, 12, 14, 15, 27—29.

Härtungsrisse 48.
Hartverchromte Welle 49, 50.
Hele-Shaw-Modell 3.
Hydrodynamisches Gleichnis 3.

Kardanwellen (Gelenkwellen) 46, 47.
Keilwellen 54, 55.
Kerbdauerfestigkeit 20, 34.
Kerbempfindlichkeit, Begriff, Bedeutung 20, 21, 33—35.
Kerbmodelle (s. a. Gummimodelle) 2—7.
Kerbwirkung und Formziffer, Kerbspannungslehre 1, 19—21, 33—35.
Kerbwirkungszahl der Querbohrung (Verdrehbeanspruchung) 31—33.
Kohäsionstrennung 69.
Kohäsionszerrüttung 39, 45.
Kombinierte Biege- und Verdrehbeanspruchung 56.
Korngröße und Kerbempfindlichkeit 21.
Kraftfluß-Gleichnis 2—4, 7, 8.
Krischsche Formel 24.
Kurzwechslige Zeitbeanspruchung 40, 54.

Langwechslige Zeitbeanspruchung 40, 54.
Lappenwirkung 27, 30, 31.

Mehrachsigkeit des Spannungszustandes 6, 7, 11—13, 19—21, 51.
Membran-Gleichnis 3.
Modellversuche zur Bestimmung der Schubspannungsverteilung 3.
Mohrscher Spannungskreis bei einachsiger Zugbeanspruchung 8—10.

Mohrscher Spannungskreis bei zweiachsiger Zugbeanspruchung 11—13.
— Spannungskreis für den räumlichen Spannungszustand 13.
— Spannungskreis bei Verdrehbeanspruchung 14, 15.

Nennspannung und Spannungsspitze 22—26.
Neue Konstruktionslehre 1, 33—35.

Oberflächenverletzungen 53, 59—67.

Photoelastische Bestimmung von Formziffern 26, 27.
Plastische Verformungen 17, 18, 37—41, 46.
Polarisationsoptische Spannungsuntersuchung 26, 27.
Potentialströmung um einen Zylinder 2.
Prandtlsches Seifenhaut-Gleichnis 3.
Prüfmaschinen mit gleichbleibendem Verformungsausschlag und gleichbleibendem Belastungsausschlag 70, 71.

Querbohrung in einer verdrehbeanspruchten Welle 31—33, 51, 55.
Querbruch bei verdrehten Wellen 15, 18, 46, 47.
Querdehnung, Querkontraktion 4, 6, 7, 30.
Querkontraktionszahl, Einfluß auf die Spannungsverteilung 4, 5.
Querloch und Halbkreiskerben 26—31.
— und Halbkreiskerben bei Flachbiegung 29, 30.
— im Zugstab 26—29.
Querspannungen im Kerbquerschnitt 5, 6, 7, 19, 28.

Restbruchfläche in Abhängigkeit von den Prüfbedingungen und der Höhe der Überbeanspruchung 42, 71.

Schiebungsbruch, Begriffsbestimmung, Aussehen 42—44, 46, 54, 55.
Schiebungsbrüche in Schleifriefen 55, 60—70.
Schlackenzeilen 47—50.
Schlagbeanspruchung, Verdrehschlagbeanspruchung 46, 47.
Schleif- und Bearbeitungsriefen, Einfluß auf die Bruchausbildung 60—71.
Schleifmaschine zum Längs-, Quer- und 45°-Schleifen 63, 64.
Schnittverfahren, Auslösen von Verformungen durch das Schnittverfahren 5—7.
Schubentfestigung 39, 46—48.
Schubspannungen beim einachsigen Spannungszustand 6, 9.
— beim mehrachsigen Spannungszustand 11 bis 13, 21, 51.
— bei Verdrehbeanspruchung 14, 15, 16, 51.
Schweißverbindung, Bruchlage bei einer Schweißverbindung 41.
Seifenhaut-Gleichnis, Prandtlsches 3.
Spannungskreis, Mohrscher 8—15.
Spannungsoptische Untersuchungen 26, 27.

Spannungsspitze 2, 4, 19, 20.
Spannungstrajektorien 7, 8, 56.
Spannungsverteilung bei verschiedenen Beanspruchungsarten (allgemein) 22, 23, 52.
— bei Flachstab und Rundstab 23, 24.
— bei Zug und Biegung 25, 26, 28.
Spannungszustand, einachsig und mehrachsig 6, 7, 8—15, 21, 22, 50, 51.
— bei Verdrehung 14—16, 31—33, 51.
Spröde Werkstoffe, Dauerbruch, Gewaltbruch 38, 44.
Strömungsfeld und Spannungsfeld 2, 7, 8.
Strömungsmodelle (Hele-Shaw-Modell) 3.
Stromlinien im Potentialfeld 2, 7, 8.
Stützwirkung 20, 21, 29, 52.

Tensor und Vektor 7, 8.
Trennbruch, Begriffsbestimmung und Aussehen 42—45.
Trenndauerbrüche 45.
Trennentfestigung 45.
Trommelfell, Spannungszustand in einem gespannten Trommelfell 12, 13.

Überbeanspruchung; zeitweise Überbeanspruchung 40, 42, 71.
Überlagerung von Zug und senkrecht dazu wirkendem Druck 15, 32, 33.
Ursprungsbeanspruchung, Schleifriefenwirkung bei Ursprungsbeanspruchung 45, 68.
Ursprungsbiegung (Druck-Dauerbrüche) 56, 58, 59.

Vektor und Tensor 7, 8.
Verdrehung, Verformungen und Beanspruchungen bei Verdrehung 15—18.
Verdrehdauerbruch, Einfluß der Eigenspannungen 55.
Verdrehdauerbrüche 42, 45, 48—52, 54, 55, 60, 64—67.
— an Kerbstellen 51, 52, 54, 55, 60.
Verdrehzeitbrüche an längs- und quergeschliffenen Wellen 54, 55, 60, 61, 64 bis 66.
Verformungsbehinderung 4, 7, 28—30, 38.
Vergütung, Einfluß auf die Faserstruktur 46 bis 50.
Vorzeichenfestsetzung für den Mohrschen Spannungskreis 9, 10.

Walzstruktur 47—51, 64.
Welle mit Bund, Hohlkehle, Einspannstelle (Bruchverlauf) 45, 52, 54.
— mit Querloch (Formziffer, Kerbwirkungszahl, Dauerbruchverlauf) 27, 31—33, 51, 55.

Zeitbruch, Begriffsbestimmung 39—41.
Zeitbrüche in Schleifriefen 54, 55, 60—69.
Zeitfestigkeit 40.
Zeitweise Überbeanspruchung 40.
Zerreißversuch, Bruch beim Zerreißversuch 41, 52, 53.
Zügige Verdrehung von Wellen 15—18, 45, 46—49, 64.
— und wechselnde Beanspruchung 37—41.

Verlag von Julius Springer / Berlin

Spannungsoptik. Von Dr. Gustav Mesmer, Aachen. Mit 197 zum Teil farbigen Abbildungen. XI, 222 Seiten. 1939. RM 28.50; gebunden RM 30.—

Kerbspannungslehre. Grundlagen für genaue Spannungsrechnung. Von H. Neuber. Mit 106 Abbildungen im Text und auf einer Tafel. VII, 160 Seiten. 1937. RM 15.—

Dehnungsmessungen und ihre Auswertung. Von Dr.-Ing. F. Rötscher, Professor an der Technischen Hochschule Aachen, und Dr.-Ing. R. Jaschke, Assistent an der Technischen Hochschule Aachen. Mit 191 Abbildungen im Text und einer Tafel. VI, 121 Seiten. 1939. RM 16.80

Technische Statik. Ein Lehrbuch zur Einführung ins technische Denken. Von Professor Dipl.-Ing. D. Dr. phil. Wilhelm Schlink, Darmstadt. Unter Mitarbeit von Dipl.-Ing. Heinrich Dietz, Darmstadt. Mit 463 Abbildungen im Text. IX, 386 Seiten. 1939. RM 27.60; gebunden RM 29.40

Über die Dauerbiegefestigkeit einiger Eisenwerkstoffe und ihre Beeinflussung durch Temperatur und Kerbwirkung. Von Dr.-Ing. Egon Kaufmann. Mit 71 Textabbildungen. IV, 89 Seiten. 1931. RM 8.10

Technische Oberflächenkunde. Feingestalt und Eigenschaften von Grenzflächen technischer Körper, insbesondere der Maschinenteile. Von Professor Dr.-Ing. Dr. med. h. c. Gustav Schmaltz, Inhaber der Maschinenfabrik Gebr. Schmaltz, Offenbach a. M. Mit 395 Abbildungen im Text und auf 32 Tafeln, einem Stereoskopbild und einer Ausschlagtafel. XVI, 286 Seiten. 1936. RM 43.50; gebunden RM 45.60

Die Methode der Festpunkte zur Berechnung der statisch unbestimmten Konstruktionen mit zahlreichen Beispielen aus der Praxis, insbesondere ausgeführten Eisenbetontragwerken. Von Dr.-Ing. Ernst Suter †. Zweite, verbesserte und erweiterte Auflage, bearbeitet von Dipl.-Ing. O. Baumann und Dipl.-Ing. F. Häusler. In zwei Bänden. Mit 656 Figuren im Text und auf 19 Tafeln. XIV, 421 und 340 Seiten. 1932. Gebunden RM 69.—

Die Festigkeit von Druckstäben aus Stahl. Von Privatdozent Dr. techn. Ing. Karl Ježek, Wien. Mit 120 Textabbildungen und 15 Zahlentafeln. VIII, 252 Seiten. 1937. (Verlag von Julius Springer-Wien.) RM 27.—; gebunden RM 28.80

Die Kraftfelder in festen elastischen Körpern und ihre praktischen Anwendungen. Von Privatdozent Dr.-Ing. Th. Wyss, Danzig. Mit 432 Abbildungen im Text und auf 35 Tafeln. IX, 368 Seiten. 1926. Gebunden RM 22.95

MIX
Papier aus verantwortungsvollen Quellen
Paper from responsible sources
FSC® C105338

If you have any concerns about our products,
you can contact us on
ProductSafety@springernature.com

In case Publisher is established outside the EU,
the EU authorized representative is:
**Springer Nature Customer Service Center GmbH
Europaplatz 3, 69115 Heidelberg, Germany**

Printed by Libri Plureos GmbH
in Hamburg, Germany